U0748498

14年精华典藏

总有一些人，
让你懂得爱

王默然
主编

吉林出版集团有限责任公司

图书在版编目(CIP)数据

总有一些人，让你懂得爱 / 王默然主编.—长春：吉林出版集团
有限责任公司，2014.8

ISBN 978-7-5534-5335-4

Ⅰ．①总… Ⅱ．①王… Ⅲ．①情感－通俗读物 Ⅳ.①B842.6-49

中国版本图书馆CIP数据核字（2014）第186640号

总有一些人，让你懂得爱

ZONG YOU YIXIE REN RANG NI DONGDE AI

出 版	吉林出版集团有限责任公司（www.jlpg.cn/yiwen）	
	（长春市人民大街4646号，邮政编码130021）	
发 行	吉林出版集团译文图书经营有限公司	
	（http://shop34896900.taobao.com）	
电 话	总编办0431-85656961 营销部0431-85671728	
制 作	E（www.rzbook.com）	
印 刷	北京天宇万达印刷有限公司	
开 本	889mm×1194mm 1/16	
印 张	13	
字 数	220千字	
版 次	2014年9月第1版	
印 次	2014年9月第1次印刷	
书 号	ISBN 978-7-5534-5335-4	
定 价	28.00元	

励志温暖苍凉

生活在时下，似乎人人都在喊累。是啊，面对疯涨的物价，再看看自己那点可怜的工资，很多人都忍不住会感慨几句、抱怨一番，也有人想为艰涩的生计奋起搏上几把，可由于在生活中实在找不到坐标和方向，大多都是像温水中的青蛙，挣扎了几下就沉入生活的锅底，失去了抗争下去的勇气和动力！

房奴、车奴、孩奴、蜗居、蚁族、隐婚、逃离北上广……诸多带着强烈中国特色的词汇在我们眼前层出不穷，无不透露着百姓对理想的无望和对生计的无奈。可是，抱怨和沉沦只能让我们与理想越来越远！在迷茫浮躁的时代，我们渴望阳光能穿透迷雾，打在我们脸上，温暖我们的心灵！我们需要励志，需要打拼，需要身边鲜活的励志榜样来激发我们心中久违的激情和感动！

应广大读者强烈要求，《知音励志》杂志（前身为《打工》杂志），浓缩创刊14年精华之作，精心打造"知音励志14年精华典藏"系列，点燃励志激情，温暖万千人生。

在这里，我们收录了芸芸众生中无比传奇的励志故事，他们身上的故事，真实、温暖、感人，精彩、亲切、可学，富有启迪意义！

我们的每一个主人公，都平凡如草根，卑微似凡尘，都是我们身边活生生、真实可寻的平民创富榜样！他们身上有诸多共性：白手起家，在追逐财富的路上百折不挠，同时又充满着智慧，闪烁着财商的光芒！

读他们的故事，可以沸腾您的热血，点燃您的激情，擂响您改变命运的战鼓！读他们的故事，可以让您找到成功的坐标，提前拿到开启财富之门的钥匙，还可以在您跌倒之时，抚慰您流血的伤口……

在这里，还有人情人性之美，故事的字里行间散发着圣洁的光辉。我们可以感受到温馨至让人落泪的亲情、浪漫至让人心酸的爱情、真挚至让人动容的友情和善良至让人无言的人情……他们的故事，平凡而温馨，而主人公也是我们身边的芸芸众生：他们可能是给你敬过礼的小保安，也可能是路边沉默的拾荒者；他们可能是地铁里匆匆上下班的小伙子，也可能是医院里面对病症痛哭流涕的姑娘；他们也许就是邻家亲密拌嘴的婆媳，也可能只是结伴走一程的陌生人……

命运中太多的变幻无常让我们唏嘘不已，太多的感动让我们泪眼婆娑，坚信生命中美好至上，并对一切美好充满向往。让励志的阳光，温暖世间的一切苍凉！

在这个"扶不扶"都令人犹豫的时代，我们太需要这样让人动容的"情"来击中麻木的心灵，让我们不再彷徨，永不绝望！

原创，独家，真实，温暖，这是《知音励志》的态度，也是我们的态度！

目前，市场上励志图书泛滥成灾，据不完全统计，这些所谓的励志图书，有85%以上系照搬或改编、摘抄我们曾刊发的励志故事。为了以正视听，我们倾编辑部之力，精心打造了这套励志精华图书，14年磨一剑，但愿它的出鞘，能助您成功掘到生命中的第一桶金，能够成为草根创业的原动力，能够温暖更多漂泊的人心，能够使更多的年轻人心存美好，并通过励志改变命运！

Contents

独吞大奖后，我逃了7年

——一个"爱情叛徒"的自述

官婷

7年前，一对贫穷的打工情侣一起购买的彩票中了130万元大奖。幸运降临后，男青年竟偷偷领走全部奖金，随后失踪了！女孩气愤至极，在长达7年的时间里对他"围追堵截"，死缠烂打，从一个温柔善良的女孩变成了十足的"怨妇"；而男青年为了"躲债"，7年来颠沛流离，日日夜夜不得安宁……

谁也没有想到，7年后，就在女孩日渐绝望的时候，这个曾经独吞百万大奖的"负心汉"竟在妻子的支持下，倾家荡产凑足50万元还给了她！是什么让他发生了如此大的转变？下面是他的自述——

一念之差！

中大奖后我成了"爱情叛逃者"

　　我叫梁承武，今年30岁，是海南省儋州市那大镇人。初中毕业后，我就开始四处打工，由于受了太多苦，我做梦都想脱贫致富。2000年年初，我来到位于广东省珠海市东升工业区的旭迪塑料五金厂，做了一名弯管工。不久后，我与同厂女工邵娟相恋了。

　　邵娟是四川省宁南县人。2002年春，我俩打算结婚，但她的父母提出要两万元彩礼。一贫如洗的我哪拿得出呀！为此，我和邵娟都苦恼极了。

　　2002年6月20日晚上，我和邵娟去市区莲花路玩。路过友谊商场旁边的福利彩票店时，我们一起进去选了5注"南粤风采"36选7号码。由于当时我身上没有零钱，邵娟就主动付了买彩票的10元钱。我开玩笑说，如果中了奖，就不愁彩礼钱了。

　　6月24日下午，下班后，我突然想起那张彩票，便拿去销售点对号，竟发现有一注号码与中奖号码（基本号码为05、07、12、24、28、29，特别号码是27）完全一致！狂喜之下，我的心都快跳出来了！我本想马上告诉邵娟，但那时我们只有BP机，联系不方便，于是，我决定待她下晚班后再给她一个惊喜。

　　在经过路边的IC卡电话亭时，我给在广州打工的哥哥打了一个电话。哥哥得知我中大奖了，也兴奋不已。可当我告诉他，我打算和邵娟一起去广州兑奖时，哥哥竟骂道："你真蠢！趁邵娟不知道，你还不赶紧一个人把奖金领走！"我急忙说："彩票是我和她一起买的，还是她出的钱。"哥哥说："她的父母那么贪心，他们要是知道你中奖，肯定会把钱全部弄走！"

　　我的心一震：过了这么多年苦日子，我多想让家人和我一起享享福啊！难道我真的要让邵娟的父母瓜分这笔钱吗？想到这里，我一狠心，决定不告诉邵娟。

　　次日，我对邵娟谎称家里有事要我回去，就直奔广州而去。6月28日，我前往位于广州市东风中路300号的广东省福利彩票中心，顺利领到了税后的105万元奖金。然后，我和哥哥一起回了海南老家。

7月1日，邵娟突然给我的BP机留言：我今天路过彩票店，听说那家前几天中了一个一等奖，130多万元。中奖号码好像就是我们当时买的那个号。我吓了一跳，这才想到，那组号码是我和邵娟一起选的，里面包含我俩的生日和相识纪念日，难怪她印象深刻！我不敢回电话，邵娟很快又留言道：怎么不回电话？难道你偷偷领了奖跑了？见她这样说，我更不敢回电话了。她的留言接二连三地发来：难怪你要躲回家去，你是做贼心虚呀！你这样做，对得起你自己的良心吗？别以为你不回来就算了！我是不会放过你的！

看到邵娟越来越强硬的语气，我心乱如麻。哥哥却一把将我的BP机摔了个稀巴烂，说："别理她！我就不信她能怎样！"见我还在犹豫，哥哥又说："邵娟说不定会找到我们家来，你赶快把钱处理一下吧！"事情发展得太快，我方寸大乱，没有了主意，只好一切听哥哥的。而老实的父母虽然觉得这样处理不妥，却又经不住哥哥劝说。很快，我把那笔奖金分了：给哥哥10万，姐姐10万，父母10万，我留70万，另外5万用于给亲友送礼。然后，我躲进了市区。

女友誓死"追债"，
7年颠沛流离苦不堪言

2002年7月中旬，邵娟突然带着她的五六个亲友，"杀气腾腾"地冲到我家，一起来的还有两个民警。原来，邵娟见我杳无音信，便报了警，说我偷了她的彩票，并带来亲友向我追讨奖金。在他们的逼迫下，父母不得不把躲在市区的我叫回了村里。我一出现，邵娟就像疯了似的冲过来，吼道："你这个畜生，竟然一个人拿了钱跑了！你还有没有良心啊！"

当时，全村的乡亲都来了，我生怕在乡亲们面前丢脸，只好一口咬定彩票是我自己买的，与邵娟无关。邵娟愤怒地大吼道："你撒谎！"她的亲友和我的哥哥也越闹越凶，双方甚至动起了手。见此情景，民警赶紧出面制止，并说："你们各执一词，又都没有证据，这事只能由你们自己协商解决。"

后来，邵娟及其亲友住进了我家附近的旅馆，并多次到我家"讨债"。我想用5万元打发他们，但他们态度强硬，坚决要求分50万。我无法接受，干脆又躲进了市区……折腾一个多月后，邵娟一家终于离开了儋州，我这才舒了口气。

2002年9月，我在儋州市区买了一套20万元的房子，而哥哥和父母也一起在镇上修建了一幢新楼房。不久，我经人介绍，和一个漂亮女孩谈起了恋爱。我以为我的生活可以重新开始了，谁知，2002年11月，我突然收到了儋州市人民法院的传票。原来，邵娟在广东和海南分别报警后，公安部门认为证据不足，不予立案。不死心的她竟请了律师，以侵占罪将我告上了法庭！我头疼不已，只好请了律师应诉。后来，因为邵娟没有直接证据证明彩票是她的，因此，她败诉了。

但邵娟还是不肯放过我。由于打官司，我的新住所暴露了，她隔三岔五地跑来找我"扯皮"。一次，我的女友劝她不要再来找麻烦了，邵娟竟扬手给了她一记耳光，骂道："只要我不死，你们就别想好好过日子！"如此闹腾几次后，烦不胜烦的女友离我而去了。

2003年春节，大年初一早上，我们全家正欢聚一堂，邵娟竟背着一个花圈来到了我家门口！我哥气得狠狠地给了她几巴掌，把她的牙齿打掉了一颗……结果，邵娟住进了医院，而我哥也被拘留了几天，邻居们议论纷纷。烦透了的我不禁开始怀疑，为了几十万元钱，把自己的生活搞得鸡犬不宁，到底值不值得？

也许是受了民警的教育，邵娟自那以后，"消停"了几个月。我趁机卖掉了儋州市区的房子，然后"逃"到海口，买了一套30多万元的新房，并花20多万元开了一家五金建材店。哥哥见我做了小老板，很是羡慕，便借走了我仅剩的10万元钱，去广州做生意了。

为了躲避邵娟，此后半年，我一直没敢回老家，直到2003年10月，父亲过七十大寿，我才回去。没想到，父亲做寿那天，一个年轻男子骑着摩托车来到我家门口，丢下一个纸盒子后，又疾驶而去。我们拆开一看，里面竟是一口小棺材！父亲气得差点儿晕倒！哥哥恨恨地说："肯定是邵娟干的！这个女人疯了！"

后来，我听说那个男的是邵娟的新男友，是个整天"混社会"的无业游民。让我头痛的是，此人"神通广大"，不久就把我在海口的新地址摸得一清二楚！2004年年初，他和邵娟天天上门闹事，害得我的生意越做越惨淡。有一次，他们还带来了十多个手拿长棍的男人，威胁说要拆了我的店。我吓得腿都软了，赶紧打电话报警，这才平息了事端。

此时的我对邵娟又怕又恨，想到她原本是一个温柔的女孩，为了报复我，竟找了一个"混混"做男友，我又对她充满了同情和内疚……我真想还钱给她，一了百了，可我当时已经没有一分钱积蓄了。眼看在海口待不下去了，我只得再次悄悄卖掉房子，并转让了店铺。由于做生意亏了本，我卖房卖店后只落下了40万元现金。

2004年夏，我躲到了广东省江门市。那年年底，母亲打电话给我，说父亲的心脏病越来越严重了。我想回去看看，可母亲说，最近经常有一两个陌生人在咱家周围转悠，让我还是别回去。母亲又叹息道："你哥前段时间回家，说生意亏了，把家里的钱全拿走了。唉，不知道他现在到底在干什么！"

两年多的"逃亡生涯"，让我越来越后悔当初错听了哥哥的话。如今听说哥哥这样糟蹋钱，我也只有摇头叹息。

2005年6月，我抱着侥幸心理，回老家去看望父亲。不料，邵娟和她的男友一直"蹲守"在那里，我回去的第二天，他们就来到我家大闹。我不得不又伺机"外逃"……令我心痛的是，2005年12月，父亲因为心脏病去世了。我自责不已——如果不是因为邵娟的事让父亲备受刺激，他怎么会走得这么早！

2006年春节后，我辗转到了广东省肇庆市，在那里买了一套房子，又开了一家五金店，招了一个名叫钟美媛的女孩帮忙。钟美媛是个勤劳善良的女孩，相处一段时间后，我们相爱了。2006年9月，我们结婚了，次年有了儿子。尽管有了幸福的家庭，我还是每天提心吊胆，生怕邵娟突然"从天而降"……

心安即福！

大义妻子陪我还债赎罪

2007年8月，哥哥因为涉嫌贩卖毒品被捕，次年1月被判处5年有期徒刑。我这才知道，前些年，哥哥做生意亏本后，就铤而走险，帮一个香港老板做起了毒品买卖！母亲悲痛得号啕大哭："报应啊！谁叫我们拿了别人的钱不还，这真是报应啊！"

母亲的眼泪让我无地自容，痛不欲生。可是，事情到了这一步，我还能如何弥补呢？

我在肇庆生活了两年多，邵娟一直毫无音讯，我以为她已经彻底放弃了，却没有想到，2008年6月初，她的家人还是找上门来了！那天晚上，我刚打开门，邵娟的母亲就一耳光打在我的脸上，哭道："你害得娟娟好苦哇！她快死了，你却躲在这里过逍遥日子……"

我大惊失色，赶紧把他们请进了屋。从邵母声泪俱下的讲述中，我才得知，2006年春，邵娟被查出了宫颈癌晚期，她的男友闻讯后弃她而去，好在她的弟弟刚在广州找到工作，很快把她接到广州治疗。2006年6月，邵娟在广东省妇幼保健医院接受了放疗与手术综合治疗。半年下来，邵家借债近10万元，后来实在借不到钱了，邵娟只得中止治疗，结果病情再次加重。邵家人认定我是"罪魁祸首"，发誓无论如何也要找到我，让我把当年的奖金拿出来给她治病。于是，邵娟的弟弟花了几个月的工资，请了私家侦探找我……邵母哭道："当年那场官司输了以后，我劝过娟娟无数次，不要再纠缠下去了，可她就像中了邪一样，怎么都不肯放手……要不是因为你，她也不会跟一个流氓混在一起，也就不会落到今天这个地步。她要是死了，你就是凶手啊！"

她将一大沓医院病历、收费单甩在我面前，只见病历上清晰地写着患者癌瘤已侵犯于阴道壁、子宫体内……而收费单上的每一笔数字都是上千元。我惊呆了，而妻子更是震惊，她流着泪骂我"骗子"，并不顾我的苦苦哀求，抱着儿子回了娘家。

无奈，我只得暂时把邵娟的父母安排到附近的旅馆住下，并承诺一周内给他们确切答复。因为妻子不肯接听我的电话，六神无主的我只得打电话向母亲求助。母亲哭着说："要不是为了那笔钱，你爸不会死得那么早，你哥也不会坐牢。人活着要对得起自己的良心，你不能再糊涂了，赶紧还钱给他们吧！"母亲的话句句在理，可我现在哪有那么多钱还给他们呀！

那几天，我不停地给妻子打电话，求她回家。3天后，妻子终于回家了，她平静地说："看在你平时对我和儿子还不错的分上，我就原谅你一次。你把房子卖掉还钱吧！邵娟病得那么重，肯定很需要钱。"

那一刻，我流泪了——妻子是如此善良豁达，可我却是那么冷漠自私！我立即把邵娟的父母接到我家，颤抖着手写下一张50万元的欠条，跪在地上交给两位老人，流着泪说："我错了，请你们原谅我，这钱我一定尽快还清……"两位老人禁不住痛哭失声……

我和妻子拿出家里所有的积蓄6万元钱，母亲也东拼西凑了1万元钱。我将这些钱一起交给邵母，让她先带回广州，给邵娟治病。2008年7月底，我把房子以35万元的价格卖了。8月中旬，妻子陪着我，把钱送到了广东省妇幼保健医院——邵娟在此进行第二次治疗。病床上的邵娟已瘦得不成人形，看到我时，她挣扎着坐起来，拼尽全身力气说："你终于出现了！你……"美媛赶紧扶她躺下，安慰她说："你放心，我们是来还钱的，他以后不会再'逃债'了。"听了这话，邵娟哇的一声哭出来："你害得我好苦啊！……"

那一刻，羞愧、内疚、心痛……种种复杂的情绪一起涌上我的心头，我流着泪跪在邵娟面前，哽咽道："是我对不起你，我不敢请求你原谅，只希望你保重身体，给我一个弥补的机会……"邵娟哭得说不出话来，而美媛也在一旁频频拭泪……

回到肇庆后，我和妻子把孩子交给外公外婆带，以便专心赚钱，早日把欠邵娟的债还清。在狭小的出租屋里，我不止一次内疚地对妻子说："都是我不好，让你受苦了。"妻子却总是说："我嫁给你，也不是看上了你的钱呀！只有问心无愧，我们才能好好过日子。"

从那以后，我和妻子每攒够一万元钱，就带到广州去交给邵娟。2009年6月10日，邵娟终于康复出院了。医生说，她的生命至少能延长6～10年，我们都十分欣慰。听说邵娟打算随父母回四川老家，妻子立即向娘家人借了3万元给她。至此，我终于还清了7年前欠下的50万元"情债"。

送邵娟及其父母上火车时，我再次愧疚地落泪了，而邵娟却在与我"反目成仇"的7年后，第一次微笑着面对我。上车前，她还对我的妻子说："嫂子，你是个好人！我祝福你们！"

送走邵娟后，我去广州监狱探望了哥哥，告诉他："我们欠邵娟的钱终于还清了，以后可以安心了！我们等你出来，一起好好过日子！"看着哥哥的眼泪，我相信，他和我一样已经悔悟了！

是啊，这些年的颠沛流离、提心吊胆，让我终于明白：做人要有良知，做了亏心事，就算逃到天涯海角，也终究不得安宁！我深深地感谢善良豁达的妻子，是她给了我面对错误、弥补过失的勇气。我也想以我的经历告诉天下人：丢掉什么，也不能丢掉良心！

一场与葬礼同时进行的婚礼

——吉林一对苦命青年凄美绝伦的生死之恋

元古

2001年11月8日，是一个悲伤的日子。

这一天，吉林省舒兰市开原乡长开村一位名叫苏单飞的女孩即将出殡。但是，谁承想，这一天也是她结婚的日子。

清晨，苏家小院泪流成河。新郎刘仁普默默地为新娘梳洗打扮。不久，一个穿着洁白婚纱、容貌靓丽的新娘栩栩如生地躺进了棺木……

太阳升起的时候，苏单飞启程了。当日8时，在舒兰市殡仪馆，美丽的苏单飞化作袅袅轻烟，飞向了遥远的天际……

9时，刘仁普轻轻地把一捧骨灰和23朵红玫瑰花瓣撒进了苏单飞故乡的母亲河——舒兰河。

呜咽的舒兰河见证了这对苦命情侣的婚礼……

天赐良缘

长春之恋是多么幸福

刘仁普是长春市长铃集团的一名电工，他朴实、善良，可是由于种种原因，到1997年时，已满26岁的刘仁普仍然没有找到意中人。

这年初春，邻居刘姨为刘仁普介绍了一个名叫苏单飞的女孩。那时，20岁的她正在长春市第一中专食堂打工。

两人第一次约会是在长春市南岭体育馆。苏单飞的文静、清秀给刘仁普留下了十分美好的印象。同样，苏单飞也对刘仁普一见倾心。

那天，他们像一对久违的朋友越聊越投机。然而，让刘仁普颇为尴尬的是，那天他正赶上"闹肚子"，他不得不丢下苏单飞，不停地往厕所跑。

细心的苏单飞看出了刘仁普的"难言之隐"，善良的她第二天就为刘仁普买来了止泻药，并带着白开水，倒了三趟公交车，来到刘仁普的工作单位，想把药亲自交到他手中。然而，由于女孩的羞怯心理，她没敢向门卫说明来意，而是在厂门外整整等了一个上午。

中午，刘仁普下班时，看到了在厂门外焦急等待的苏单飞。刘仁普知道苏单飞的来意后，感激地说："谢谢你，你真像我娘一样关心我……"

一周后，刘仁普再次约苏单飞在南岭体育馆见面。他们刚刚在体育场看台上坐下，就发现不远处有一群青年正在殴打一个中学生模样的人。颇有正义感的刘仁普看不下去了，对苏单飞说了一句："你在这儿等我。"就跑过去劝架。

不想，刘仁普不但没有劝住那几个人，反而还招来了那伙人的暴打。那几个人把刘仁普打倒在地后，还拿起砖头向他的头部砸去。顷刻间，刘仁普的头部鲜血直流……

在一旁坐着的苏单飞被激怒了。瘦弱的她抓起两块砖头，不顾一切地冲了过去，想和那几个歹徒拼命。这个怒发冲冠的女孩子镇住了那伙歹徒，他们撇下倒在血泊中的刘仁普，仓皇地逃走了。

这次意外之后，刘仁普和苏单飞深深地陷入了爱河。

每年学生放暑假时，苏单飞也要随学生放假。1997年7月，苏单飞回舒兰市的老家度暑假去了。这可苦坏了刘仁普，他每天都要给苏单飞写信，向苏单飞诉说他的思念之情。苏单飞也十分想念刘仁普，后来在征得父母的同意后，苏单飞让刘仁普来她的老家相会。

刘仁普高高兴兴地买了不少礼品，风尘仆仆地赶到了舒兰。

那天黄昏，当刘仁普终于出现在村口时，在那里等了许久的苏单飞顾不上羞涩，跑上前去，和刘仁普紧紧地拥抱在一起……

苏单飞的老家是个依山傍水的小山村，风景秀丽，气候宜人。刘仁普和苏单飞在这里共同度过了两天美好、幸福的时光。

两天之后，刘仁普返回了长春。他们又开始忍受新一轮的相思之苦。

"单飞家要是有一部电话就好了，这样，我就能随时听到她的声音了！"有一天，刘仁普突然想到了一个可以缓解相思之苦的好办法。于是，第二天这个每月只有350元工资的痴情小伙，竟拿出了全部积蓄，再次跑到苏单飞家，为她家安装了一部电话。从此，他俩就通过这部电话，尽情地诉说着彼此的思念之情。

转眼间，刘仁普和苏单飞已经整整相爱一年了。经过一年的相处，他们的感情日益深厚。

1998年8月，又到了苏单飞该回家度暑假的时候。然而，就在这时，苏单飞的身体突然变得十分虚弱、乏力，人也一下子消瘦了不少。刘仁普在送苏单飞回家的路上，颇为担心地说："单飞，回家后好好休养，我一有时间就会去看你……"苏单飞见刘仁普很为自己担心，忙劝慰了他一番。最后，两人恋恋不舍地分手了……

晴天霹雳

可爱女友患上绝症

8月8日深夜，刘仁普像往常一样，又接到了苏单飞的电话。然而，这次她没有像往常那样柔声细语地表达她的思念之情，而是用发颤的声音说道："仁普，你以后再也不要来找我了。如果有来世，我会去找你，亲爱的，多保重……"说完，苏单飞便哭着挂了电话。

刘仁普不知道苏单飞遇到了什么不好的事情，便发疯似的往苏单飞家打电话，但就是没有人接。刘仁普急得一宿都没睡着……

情急之下，刘仁普第二天打通了苏单飞远在吉林市的叔叔家的电话，想从他那里打听苏单飞的消息。可是，电话那端苏单飞的叔叔却说："单飞没有来过。"

放下电话，刘仁普怎么想都觉得不对劲。于是在傍晚时，刘仁普又走进一家食杂店，拿起投币电话，再次拨通了苏单飞叔叔家的电话。刘仁普声音哽咽着说："叔叔，求求你无论如何帮我找到单飞，哪怕她嫌弃我了，我也要见她一面。天底下，就她对我最好……"泪水挂满了刘仁普的双颊，他实在讲不下去了……可是，苏单飞叔叔的回答却使刘仁普绝望了："你不要再找单飞了，她再也不想见你了。"

刘仁普不甘心就此放手，又一次次地拨通了苏单飞叔叔家的电话，但那边一次次无声地挂断了电话。

刘仁普又一次拿起电话准备投币时，他才发现已经用光了带来的10元硬币。旁观许久的食杂店老板深为感动，他诚恳地说道："小伙子，难得你对媳妇一片真情。电话你随便打吧，话费我替你付。"

也许是被刘仁普的真情感动了，苏单飞的叔叔最后终于道出了实情："孩子，单飞得了骨癌，这是不治之症啊！医生说单飞最多只有半年的时间了……单飞再三说，这事儿不能告诉你，希望你忘了她……单飞现在住在吉林市222医院。"

"骨癌！不治之症！不应该啊！老天怎么这么不公平啊……"他被这个天大的不幸击倒了。

第二天，当刘仁普冲进吉林市222医院苏单飞的病房时，往昔神采飞扬、含情脉脉的苏单飞正孤寂地躺在病榻上。刘仁普紧握着苏单飞的双手，流着眼泪说："怎么会这样？我们才刚刚开始啊……"

刘仁普决定不惜一切代价，尽全力挽救女友年轻的生命。他毅然辞去了工作，白天穿梭于各个药店，打听什么药能治骨癌，晚上则回到医院护理苏单飞。

有一天，刘仁普听同室陪护的人讲，吉林市龙潭山中一老中医有个祖传药方对治疗骨癌有奇效，便将苏单飞托付给她叔叔，第二天清晨就向山里奔去。

刘仁普马不停蹄地步行了5小时，终于迈进了老中医的家门。由于劳累过度，一踏进门槛，他就一下子瘫倒在了冰凉的地上……

不巧的是，老中医被别人接到外地去了，失望至极的刘仁普只好原路返回。他在返回的路上，由于神情恍惚，一脚踩空，摔到了20多米深的山沟里。他的手、肩都摔破了，殷红的鲜血汩汩地流了出来……

子夜时分，当刘仁普洗净血迹，走进病房时，苏单飞正倚在门口，焦急地等着他。借着昏暗的灯光，苏单飞发现了刘仁普身上的伤痕。她心疼地抚着刘仁普的伤处，哭着说："仁普，你别白费事了，你这样做，我走得不安啊！""你若走了，我活着还有什么意思呢？"刘仁普哽咽着紧紧地抱住了苏单飞……

苏单飞的病情日渐加重，强剂量的化疗使她的秀发全脱落了，整日的呕吐使原本清瘦的她更显虚弱。望着一天比一天憔悴的女友，刘仁普心都快碎了。可就在这时，苏单飞的药费用完了，医院开始向刘仁普催缴各种费用，并说如果不马上交钱，医院将停止给苏单飞用药。

焦急不安的刘仁普开始四处奔波借钱。但他整整跑了一天，也没有借到一分钱。无奈的他想到了卖血。最后，他用500CC殷红的血浆换来了400元钱。他拿着钱，拖着虚弱的身子找到医生，央求着说："千万别给单飞停药。这400元钱先用着，我再想办法……"

第二天，刘仁普又借遍了所有的亲朋好友，终于借到了3000元。

可是，不到半个月的工夫，刘仁普筹来的3000元钱也用光了。被逼无奈，风华正茂的刘仁普走上了乞讨之路。他在外面一边乞讨，一边打听哪里能买到有效的治骨癌的药。

2000年春天，刘仁普在吉林市乞讨时，当地的几个乞丐认为刘仁普抢了他们的生意。于是，在一天深夜，他们不仅抢走了刘仁普好不容易乞讨来的500多元钱，还把他打了个半死。后来，还是一个小乞丐同情刘仁普，给了他100元钱，他这才勉强回到了长春……

为了给苏单飞治病，在近3年的时间里，刘仁普遍访了东北地区大大小小的医院，他的很多时光都是在城市、乡村的屋檐下，甚至火车、汽车和马背上度过的。一路上的风吹雨打，使他由一个风华正茂的都市青年，变成了一个未老先衰、满脸忧郁的流浪汉。东北的许多专家教授，甚至江湖郎中都认识并记住了这个四处为女友讨药的有情有义的汉子。他们在对他表示同情之余，也曾多次善意地劝他别再糟蹋自己了，说癌症是很难治好的。但刘仁普仍然坚持为救治女友而奔波着……

刘仁普为女友治病，往往是一掷千金，但他对自己的生活却苛刻到了极点。他常常一天只吃两个干馒头，半袋咸菜。可苏单飞无论想吃什么，他都会满足她。一个寒冷的冬天，苏单飞突然说想吃西瓜。结果，刘仁普硬是骑着自行车，在寒风里找了近两小时，才为她买回了半个西瓜……

爱神创造了奇迹。被专家们断言顶多再活半年的苏单飞，在刘仁普的精心呵护下，竟奇迹般地活了3年。

伊人虽逝，婚礼如期举行

2000年圣诞节，北国冰城迎来了历史最低气温，街面上却到处洋溢着喜庆的气氛。这天，刘仁普特地将苏单飞背回她叔叔家。一进门，单飞一眼就看见了窗前放着的一束玫瑰花，她转向刘仁普，问道："真漂亮，是送给我的吗？""当然，傻丫头，祝你圣诞快乐！"刘仁普亲吻着单飞，并歉疚地说："对不起，没有更好的礼物给你……""好仁普，你知道我今生最大的愿望是什么吗？做你的新娘，为你生个孩子……"苏单飞喃喃地说。刘仁普紧紧地搂着苏单飞说："亲爱的，你的愿望马上就能实现了。我已经开始筹备我们的婚礼了。春节时，我就带着你回长春结婚……"

由于苏单飞的病情不断恶化，他们的婚礼一次次地被迫延期。

2001年10月下旬，苏单飞开始处于弥留状态，时而清醒，时而恍惚，周身因剧痛不停地痉挛着。她的两只明亮的大眼睛久久地盯着刘仁普，流露出她满心的眷恋与无奈。"再给我打支杜冷丁吧，我还有事没做呢！"苏单飞焦虑地说。打完针后，苏单飞顽强地坐了起来，断断续续地说："我要亲手……为你做……一套结婚礼服，等我们结婚时……你一定要穿着我……亲手做的礼服，这是我能为你做的最后一件事儿……"

凭着超人的毅力，苏单飞用了一周时间，终于断断续续地缝制成了一套结婚礼服。这针针线线无不浸透着她的爱恋，无不浓缩着她无限的遗憾……缝完礼服后，苏单飞再也坐不起来了。她躺在床上，开始痛苦地呻吟……刘仁普知道苏单飞的日子不多了，在准备后事之余，他决定把原定结婚的日子提前到11月8日。

然而，天不遂人愿。11月5日，苏单飞的病情突然加重。她呼吸急促，脸色变得相当骇人。她无力地握着刘仁普的手，断断续续地说："仁普，如果我今天挺不过去，就在11月8日那天，将婚礼和葬礼一起办了吧，我太想做你的新娘了……"刘仁普知道苏单飞的大限已到，他紧抱着苏单飞，边哭边说："单飞，我答应你，11月8日我们的婚礼如期举行，那天，你会是世界上最美丽的新娘……"当天深夜23时，苏单飞在刘仁普的怀中永远地告别了人世。

刘仁普抱着苏单飞的遗体，泣不成声，泪流成河……

由于苏单飞的提前离去，刘仁普只好放弃了带苏单飞回长春结婚的计划，决定留在苏单飞的家乡，将婚礼和葬礼同时举行。

11月8日凌晨4点，刘仁普拿着一大捆冥纸，来到从前他和苏单飞经常相依的苏家小院的杏树下，他一边烧纸一边叨念道："单飞，今天是11月8日，是我们结婚的日子啊！平时，由于没有钱，我不能让你吃好、穿好。今天，在你临走之前，我要多给你烧点纸，多拿点钱，让你去了天国以后能够过得宽裕些……"

凌晨6点左右，参加婚礼和葬礼的人们陆续来到了苏家。苏单飞静静地躺在木棺里，四周摆满了刘仁普专门为她买的白玫瑰。

六点一刻，刘仁普开始给苏单飞沐浴。接着，他拿起指甲剪，给她剪指甲。他一边小心翼翼地剪指甲，一边说："单飞，你是个纯洁的女孩，一直这样干干净净……以后，我就不能再这样陪伴你了。你一定要照顾好自己。天冷时，多穿点衣服；实在难受时，就哭几声……"刘仁普说不下去了，他跑到一旁，痛哭起来……

当地有个风俗，如果活人的眼泪落在死者身上，会对死者很不好。所以，刘仁普擦干眼泪后，强忍自己的情绪，又来到苏单飞身边，为她小心翼翼地穿上婚纱，化妆……

一小时后，刘仁普把苏单飞重新抱回了木棺。他久久地凝视着苏单飞美丽妩媚的脸庞，喃喃地说："单飞，我的新娘，你今天多漂亮啊！你是世界上最漂亮的新娘……"说完，他将写有新娘字样的喜签和一朵红玫瑰放在了苏单飞的左胸口。

7时，主持人沉痛地宣布婚礼仪式正式开始。刘仁普代替新娘苏单飞完成了所有程序。婚礼进行过程中，刘仁普热泪奔流，他的手一直握在新娘冰凉的手上……

在去舒兰市殡仪馆的路上，刘仁普一直手抚棺木，不停地喃语道："单飞，我们上路了，去新婚旅行。不要怕，我会一直跟在你身边……"

当日8时，在舒兰市殡仪馆，美丽的苏单飞化作了袅袅轻烟……

如今，刘仁普仍未完全从悲恸中走出来。不过，令人欣慰的是，他原来所在单位在得知他的情况后，已经恢复了他的工作。刘仁普，这位有情有义的年轻人又拿起了焊枪开始了新的生活。

刘仁普还在帮母亲筹建幼儿园。他说，这样做是为了了却单飞的心愿，因为单飞一直喜爱孩子……

在北京，
"蚁女"的爱情"暗伤"累累

晴天

常常有人问我："你究竟喜欢北京什么？"我回答不上来。只是曾经，当我回到老家，听到街头巷尾千年不变的豫剧腔调，看到那些低矮的楼房、灰扑扑的马路时，我都告诉自己，这不是我想要的生活。所以，我坚决地在北京留了下来。可是，漂泊3年、苦熬3年，北京留给我的，不过是一场噩梦和满身伤痕……

为了梦想，

我选择留在了北京

我叫苏颖，今年26岁，出生在河南省淅川县纺织厂的大院里。2003年高考，我被北京邮电大学世纪学院会计专业录取——其实这只是一所挂着邮电大学名头的民办学校，但我的父母是不懂这些的，他们只希望独生女儿大学毕业，回老家找一份安稳的工作，这就足够了。

大二时，我与就读国际金融专业的老乡李骏相恋了。父亲十分高兴，说："都是咱一个地方的，毕业后就可以一起回来了！"

我没吭声。父母并不知道，从我踏进北京城的那一刻起，他们让我回去的愿望就注定破灭了。是的，北京是座与老家完全不同的城市，这里的夜晚比白天更迷人；这里有老家永远欣赏不到的话剧、芭蕾舞；这里的女孩跟男人一样开着小车、提着笔记本电脑；这里的商场护肤品专柜卖的是我以前听都没听说过的赫莲娜、海蓝之谜……我已经决定留在这里，这个愿望如此强烈，以至于每次我听到父母让我回去的时候，心里就产生反感。

时光飞逝，转眼到了2006年的秋天，我和李骏都开始求职了。学校远在昌平区，信息不通，为了得到更多的招聘信息，李骏和另外9个男生一起在北京唐家岭一带租了一套40平方米的房子，房间里有5张高低床，每人分摊房租150元。

唐家岭位于北五环外的海淀区西北旺乡，距有"中国硅谷"之称的上地信息产业基地不过一公里。因为里面聚集了5万多名应届或者往届的大学毕业生，很多用人单位都会直接在这里发布招聘信息。李骏住进去的时候，我还在住校，一旦那边有招聘信息，他就会立刻告诉我。那段时间，我每天早上六点半就起床，奔波于各个招聘会，直到晚上10点才能休息。待了4年的北京突然变得很残酷，我们从2006年10月开始找工作，一直找到2007年1月，依然毫无进展。

2007年1月10日，北京国展中心有一场大型招聘会，李骏说，唐家岭有直达国展的公交车，要我当天晚上住过去，第二天一起去国展中心。他还说："放心吧！有仨哥们的女朋友都住在这里！"

想一想，毕竟工作机会难得，昌平离国展又太远，当天晚上，我提心吊胆住进了李骏的宿舍。果然，宿舍里除了10个男生之外，还有另外3个女孩。她们若无其事地跟我打招呼、吃饭、洗脚、上床。李骏小声告诉我："现在是找工作的高峰期，她们都住进来一个星期了。"

第二天清晨6点，天刚蒙蒙亮，我和李骏便来到了公交车站，车站上已站满了人，夹着简历、穿着西装的人还在不断地从四面八方围过来。6点10分，公交车来了，几乎是一刹那，所有的人都拥上来，我脚不沾地地"被上车"了。李骏在我身后大声喊着："小心鞋子！小心简历！"但是很快，我就被推到了车厢最里面，看不到他了。整个车厢塞满人，售票员大声说："上不了了，等下一辆……"但门口的人依然争先恐后往上挤，没挤上车的人在车下咒骂着并朝车上扔石头。突然，"哐当"一声响，车门被挤掉了……就这短短几分钟，我全身都被汗湿透了。

这次招聘会，我和李骏都没有拿到面试通知。紧迫感让我放弃了矜持，搬进了李骏的宿舍。

一个40平方米的房子住了14个人，可想而知有多逼仄。房子里根本转不开身，那个小小的卫生间几乎没有停止使用过。有一次，一个男生实在憋不住了，就背对着4个女孩子，在阳台上解决了小便……我感到很难受：难道我和李骏的爱情只能安放在这种地方吗？

春节前的一个星期，大家纷纷回去过年了，宿舍里只剩下我和李骏两个人。这时，双井路附近的世纪联华超市打出招聘启事，要招5名促销员。也许因为竞争少了，我轻松地应聘上了。当时，我只有一个想法，一挣到钱就立刻离开这个拥挤的出租屋！

2007年2月13日，我开始上班，给益母草卫生巾专柜做促销员，底薪600元。而此时，李骏因为不肯放弃专业，依然每天穿梭在北京的大街小巷里求职。

为了留下，
我亲手"杀"了我的孩子们

我万万没有想到，刚上了几天班，我就发现自己怀孕了！

我们压根没想过要孩子。宿舍里的3个女孩子已经回老家了，连个商量的人都没有。李骏六神无主，一迭声地问："怎么办，要不问问父母？……"我吓了一跳，吼他："你敢对父母说，我就死给你看！"半晌，李骏小心翼翼地说："我们回老家结婚吧，然后就在老家找工作。"

我没说话，眼前却浮现出淅川县城低矮灰暗的房屋。不，我不想回去！我已经找到工作了，现在回去，岂不是白忙活了吗？我恨恨地对李骏说："你要是想回去，我们就分手！"

那两天，我和李骏都惊慌失措，不知如何是好。抱着一丝希望，我上网寻找对策，竟真的有了收获。我强笑着对李骏说："你看，只要在49天之内吃点药就没事了。"

当天晚上下班后，我就花140元钱，从药店里买了米非司酮片和前列腺素，搭配着服下了。凌晨3点，我的小腹隐隐作痛，开始不停地拉肚子。两小时后，下身越来越痛，好像有人要将我的子宫活活从身上撕裂一样。我死死拉着李骏的手，狠狠掐着，一边叫道："我不活了，我不要活了！……"李骏抱着我，不停地流泪。不一会儿，我感到下身一热，一大块一大块的血涌了出来，染得李骏身上血红一片……

我从凌晨5点一直睡到下午两点半。醒来后，我立刻挣扎着爬起来——我是下午3点到晚上10点的班，该去上班了。李骏坐在我旁边，一夜没有合眼，看我爬起来，他吓了一跳，说："你不要命了！"我挣扎着穿鞋子："我好不容易才找到工作，不能丢了！"

无奈，李骏只好送我去超市。整个下午，他就装成顾客在我身边晃悠。每当有顾客靠近我，他就帮忙搭讪，而我只能有气无力地靠在货架上。晚上10点，我回到宿舍，见早回来一小时的李骏盯着液化气灶，炉子上正炖着一只鸡。不知过了多久，他像捧着宝贝一样把鸡汤捧了出来，用汤勺笨拙地喂我。这鸡汤好咸啊！我大口喝着，眼泪直往下掉。李骏是家中独子，他从未进过菜场，也不会做任何家务，我不知道他是怎样与小贩讨价还价买鸡，也不知道从小就晕血的他是怎么杀鸡的，更不知道他是从哪里弄来这些锅碗瓢盆，给我炖了这只半生不熟的鸡……

看着李骏一脸的疼惜，我心里有一股柔情在蔓延。与此同时，我也深深地自责着：我们如此相爱，我却不得不亲手扼杀了我们的孩子！我在心里发誓，一定要努力，在北京扎下根，拥有一个完整幸福的小家庭……

那年春节，我只休息了两天，大年初三就上班了。春节过后，出租屋的人都回来了，只除了一个名叫李明华的女孩子。张玲告诉我，李明华做过两次药流，第三次怀孕后，医生就警告她，再自己随便用药流产，就不能再怀孕了，所以她回老家生孩子去了。张玲还说："她自己傻，啥都不懂还乱用药，不死都是好的！不过，北京确实什么都贵，在我们河北老家，做一次手术才300元。"我听了，后怕不已。

2007年8月，我拿到毕业证后，终于转正了，工资也提高到了1500元。此时，李骏也在一家保险公司找到了一份业务员的工作。我们搬出了原来的出租屋，和两对刚毕业的情侣在唐家岭合租了一间20平方米的房间，房间用纸板隔成了3块，每家平摊房租200元。

2008年5月底的一天深夜，我和李骏躺在床上，突然听到隔壁传来轻微的动荡和压抑的呻吟声……纸板根本不能隔音，我和李骏都清楚那对小情侣在做什么。我们屏息着，听着隔壁越来越大的动静，李骏终于也忍不住了……我小声警告道："没有套套了！"他却一边吻着我，一边不耐烦地嗫嚅："就一次……不会那么倒霉的！"

还真的就那么倒霉！一个月后，我发现自己再次"中招"了！这次，我不敢再自己吃药流产——我忘不了那撕心裂肺的疼痛，也忘不了李明华的教训。怎么办呢？

李骏还是那句话——回老家结婚生孩子。我反对道："我现在工作刚起步，如果回去，所有的努力都白费了。"可是，肚子里的孩子怎么办？在犹豫当中，一个月又过去了，我不敢再拖，让李骏陪我到医院做B超。没想到，胎儿已经很大了，必须住院进行人工流产，而且，如果未婚还必须带着父母和父母的身份证来。我们只好把目光投到小诊所，但是，就是这些小诊所，做手术至少也得1000元。那可是我们5个月的房租啊！我和李骏相对无言。犹豫中，我突然想起，张玲说过，河北那边的诊所做人流只需要300元……

8月2日，我请了两天假，准备去石家庄做人流手术。李骏要陪我一起去，被我拒绝了——因为他那两天正在等一个保单，有了这笔保单，他转正了，我们就可以搬出来，单独租房了。为了省钱，我坐的是慢车，晚上11点上车，第二天凌晨5点才到石家庄。当时正值盛夏，火车的空调开得很足，夜深了，整个车厢比冬天还要冷。我冻得直哆嗦，只有躲进厕所里，让外面的风吹进来，就那样一直躲到石家庄……

是对是错？
我的苦只有自己背

走出石家庄火车站，我有意识地往小街小巷里寻找张玲所说的小诊所。幸运的是，在离火车站不远的一条街道上，我找到了一家妇科诊所，门口的广告牌清清楚楚地写着：人流手术300元。

我经常在公交车上看到无痛人流的广告，可这种收费仅300元的，只是普通手术。手术的疼痛超乎我的想象，在那一小时里，我的冷汗浸湿了床单，嘴唇都被咬出了血。我真希望那只是一场噩梦啊，等到梦醒来，就可以摆脱这钻心的痛……

这次手术加上往返车票只花费了500元。我只休息了两天，就又上班了。李骏的工作虽然没有起色，但在我那次流产期间，他终于签到了第一笔单，也有了底薪。我们终于告别了那两对情侣，跟另外两家人合租了一套较大的房子，有了自己的单间。

两次流产之后，不知道是什么原因，我开始对避孕套过敏，我们只好采取安全期避孕。可是，这种方法并不可靠，2008年12月，我再次怀孕了。

有了上次的经验，我和李骏都不那么惊慌了。当时，李骏正好被公司派到外地出差，他只是叮嘱我小心点，就离开了。但是这次没有前两次幸运，回到北京后，我连续出血，坐也不是站也不是。以前，我站上10小时都没有问题，这次之后只站一小时都会双腿发软。而且，我的例假也不再准时了……

雪上加霜的是，我的工作也出了问题。在国家质检总局组织的一次抽查中，益母草卫生巾被查出细菌超标，公司被责令整顿。我就这样失业了。

李骏的工作也不顺利，2009年5月，他的保单被一个老员工抢走，他一气之下和经理大吵了一架。那段时间，他非常恼火，天天在我耳边念叨："你说，我们为什么要留在北京？熬了这么久，我们得到了什么？"他又低声下气地求我："颖颖，我们回去吧，至少在老家，我们有房子，找工作也容易多了。"

我想都没想就拒绝了。我已经付出了那么多，现在回去，我不甘心！再说，我已经习惯了北京的繁华和大气，再也不想回到那座小县城了。李骏知道说服不了我，就不再多说，我也开始重新求职。然而，意外再次来临，我竟然又莫名其妙地怀孕了！李骏知道后，高兴地说："颖颖，我们回老家去把孩子生下来，好好过日子吧！"

我这才知道，李骏想离开北京，又舍不得我，于是把我的避孕药换了（第三次流产后，我开始使用药物避孕），想让我怀孕，跟他回老家生孩子。我气愤至极，对他大吼道："你别枉费心机了，我是不会回去的！"李骏也火了，发狠说："你要是不愿意跟我回去，我们就分手！"

我不相信李骏会跟我分手。2009年9月，我再次一个人来到石家庄做人流手术，然而，这次我却遭受了灭顶之灾！手术做了一半，我突然听见医生大声呼喊叫人帮忙，一个护士惊慌地问我："你家人的电话是多少？"与此同时，我感觉下身在汩汩地流血……

我在医护人员的慌乱中失去了意识。

等我清醒过来的时候，已经躺在河北省人民医院的病床上，李骏坐在我旁边。医生说因为多次刮宫，我的子宫壁变得很薄，并且子宫粘连。在那个诊所里，我突发大出血，被送到人民医院抢救。为了保住我的性命，医生只好切除了我的子宫……

好半天我才反应过来，我没有子宫了？那我还能再怀孕吗？我还算女人吗？我使劲拍打着李骏，骂他："都怪你都怪你……"李骏悲哀地望着我，一句话都说不出来。

我再没有拼搏的劲头了，每天躺在床上不知如何是好。李骏不断地跟我说："回去吧，颖颖，就算你不能生孩子，我也会对你好的！"我不回答，只是不停地责备他："这都怪你！都怪你！"终于，李骏绝望了。2010年春节前夕，他辞职回了老家。

李骏的离去让我更加恐慌：我错了吗？他走了，我一个人该怎么办？

我独自在出租屋里度过了有生以来最凄凉的一个春节。父母几次打电话要我回家过年，可我不敢回去——如果思想传统的他们知道女儿先后流产4次，又失去了子宫，一定痛不欲生！

我陷入了深深的矛盾和绝望之中：没有了李骏，我实在没有勇气拖着这副伤残的身体独自在北京打拼；可如果回老家，我该如何开口告诉父母我身上发生的一切灾难？李骏也许会念着昔日之情娶我，可是，他的父母能接受一个没有生育能力的儿媳吗？我们会幸福吗？谁能告诉我，我到底该怎么办？

你让给我爱情，
我让给你生命

林溪蓓

【新闻背景】2008年11月15日15时20分，杭州地铁萧山湘湖站施工现场突然发生大面积塌陷事故，造成17人死亡、4人失踪，成为中国地铁修建史上最惨烈的事故。

事发当天，本刊特约记者接到爆料后20分钟便赶赴现场。在那里，笔者注意到了这样令人揪心的一幕：在陷坑的西端，一个头戴安全帽的年轻小伙，一边用鲜血淋漓的双手疯狂地刨着沙土，一边悲怆地哭喊道："陈鹏，你一定要挺住，我马上来救你了！"然而，风情大道两边的河水很快倒灌进来，小伙子傻傻地望着一片狼藉的工地，喃喃地说："兄弟，死的应该是我，你让我怎么向弟妹交代呀！"

这个小伙子名叫虞伟，不幸遇难的陈鹏是他的同乡挚友。随着采访的深入，一对兄弟互相"礼让"爱情和生命的感人故事浮出水面……

痛苦！

异乡打拼的好兄弟爱上同一个女孩

今年30岁的虞伟出生在安徽省蚌埠市固镇县仲兴乡一户农家，父亲虞根富和母亲曹雪梅都是地道的庄稼人。1994年秋，虞伟初中毕业后，随父来到山西省临汾市蒲县太林乡的一个煤矿打工。

几个月后，虞伟又把同村好友陈鹏介绍到矿上来。陈鹏比虞伟小2岁，家中还有母亲和姐姐。在陈鹏4岁那年，他父亲因病去世，丢下他们孤儿寡母3人，孤苦伶仃地过日子。憨厚耿直的虞伟从小就把陈鹏当亲弟弟一样"罩着"，谁敢欺负他，虞伟就和对方拼命。

1995年春天，陈鹏来到临汾市蒲县太林乡。刚到矿场时，他什么都不懂，常常被一些外地工友挤对。有一个叫马峰的陕西人常常欺负陈鹏，虞伟看不惯马峰所为，就和马峰在矿场打了一架。结果，虞伟把马峰打得头破血流，赔了人家几百元医药费才算了结。

陈鹏对虞伟的关照非常感激，也用自己的方式关心着虞伟。虞伟干活卖命，为了多拉一车煤，常常错过吃饭时间。那些嫉恨他的工友就狼吞虎咽地将桌上的馒头和菜汤一扫而光，等虞伟拉完煤出来，只能忍饥挨饿。陈鹏见状，每逢虞伟加班，他就趁工友不注意偷偷夹一些肉埋在碗底，或者悄悄藏几个馒头留给虞伟吃……在漂泊的打工生涯中，虞伟和陈鹏有衣一起穿，有饭一起吃，兄弟情谊更加深厚。

到了2002年，虞伟结束长达8年的矿工生涯，前往河南省三门峡市西歌山建筑公司的一个工地打工，负责看管工地建材。不久，陈鹏也在一个远房亲戚的介绍下，来到西安市碑林区的伟星大厦当保安，月工资虽只有400元，但工作轻松，有很多空闲时间可以看书。

虞伟来到三门峡一年后，他喜欢上了工地旁边"好再来"理发店的姑娘李雅。李雅是安徽省蚌埠市五河县皇庙乡人，初中毕业后，她就跟随表姐来到三门峡，在理发店打工挣钱，供哥哥上大学。虞伟见李雅心灵手巧，又长得漂亮，就深深爱上了这个小老乡。在虞伟的追求下，这两个身处异乡的年轻人谈起了恋爱。

然而，随着陈鹏的到来，这一切悄然发生了改变。2003年4月19日，陈鹏值勤的伟星大厦发生了一起失窃案，他因失职被炒了。虞伟就打电话叫他到三门峡来干，并安排他负责建材登记。当晚，虞伟见陈鹏的头发很长了，就带他来到"好再来"理发店，吩咐李雅给兄弟理个"帅头"。李雅甜甜地一笑说："好的！"回到住处，陈鹏就兴致勃勃地向虞伟打听起李雅的情况来。虞伟没想太多，一五一十地将她的情况告诉了陈鹏。

陈鹏得知李雅也是安徽老乡，不知内情的他竟暗暗发誓要追她做女朋友。从那以后，一有时间，陈鹏就往"好再来"跑，点名要李雅为他理发。不管理得好不好，他都把李雅一顿猛夸，说她人漂亮、手艺好，谁娶她做老婆，那是八辈子修来的福……直夸得李雅心花怒放，对他顿生好感。

虞伟见好兄弟爱上了自己的女朋友，烦躁得寝食不安。他只好约李雅出来，让她以后离陈鹏远点。李雅不以为然地说："你也太小心眼了吧？我觉得你这兄弟挺有意思呢！"——陈鹏出现后，李雅就对虞伟渐渐疏远了。她感觉虞伟比较木讷，而和陈鹏在一起更开心。

2003年中秋节，他们三人相约去亚武山游玩，活泼的陈鹏一路不停地给李雅讲笑话，逗得她哈哈大笑。虞伟背着水壶走在后面，气不打一处来。到达山顶后，三个人坐在凉亭里喝水。李雅突然说她饿了，想吃零食，让虞伟去旁边的小卖部买。虞伟闷闷不乐地来到小卖部，买了几袋"旺旺雪饼"。因店主找不开两角零钱，虞伟就和对方吵了起来，还一拳将柜台玻璃砸碎了。陈鹏赶紧跑过去解围，最后赔了店主50元钱，才平息此事。

当时，陈鹏很纳闷，平时仗义疏财的虞伟，怎会突然为区区两角钱就与人起争执？他好言劝解，虞伟却板着脸，一声不吭。只有李雅心里明白，但又不好挑明，三个人尴尬而归。李雅为此很久都没有理睬虞伟。

10月中旬的一天，虞伟决定去找李雅好好谈谈。当他来到"好再来"理发店时，却发现陈鹏早在这里了。李雅正给别人理发，陈鹏就坐在旁边陪她聊天，两人有说有笑，十分亲密。虞伟禁不住醋意横生，一扭头回工地了，难受得几天不吃不喝。

感动！

悲壮让爱的大哥垫钱为兄弟办婚礼

自从陈鹏公开追求李雅后，虞伟见李雅与陈鹏越走越近，心里很不是滋味。在情感的煎熬中，他病倒了。而仍不知情的陈鹏每天端药送水，悉心照料大哥。那段时间，虞伟一遍又一遍地回忆起他们交往的一幕幕，他想到陈鹏不幸的身世，再想想李雅和他在一起开心的样子……痛定思痛，大义的虞伟决定让出"爱情"。

10月29日，虞伟向包工头辞职了。陈鹏得知后，问他为什么要突然辞职。虞伟苦笑道："我妈在农村给我物色了一个女孩子，我要回去相亲。"陈鹏高兴地说了一些祝福的话，并在临行前约李雅一起为大哥饯行。李雅得知虞伟辞职后，什么话也没有说。席间，虞伟发现她和陈鹏的手在桌下十指相扣，情意绵绵。他端起酒杯，将满满的一杯白酒喝下去，扭头含泪走了。

离开三门峡后，虞伟来到浙江宁波的一家鞋厂当保安。而陈鹏和李雅的爱情也很快瓜熟蒂落，2004年秋，两人回到蚌埠老家准备结婚。

一天，在家盖新房的陈鹏不慎从两层楼高的墙上摔下来，右腿受了重伤，在蚌埠市人民医院治疗3个月，花了近3万元。李雅的父母得知陈鹏摔伤了，新房也成了"烂尾楼"，便不同意这门亲事，说除非他能拿出3万元彩礼钱，否则就把李雅嫁给镇上的有钱人。

陈鹏焦头烂额，想起久未联系的大哥虞伟，便给他打了个电话，沮丧地说："我很爱李雅，做梦都想跟她结婚。可是，别说3万元，就是300元我现在也拿不出来呀！"陈鹏的这个电话，再次将虞伟心中尚未愈合的伤疤血淋淋地撕开，他痛苦地想：如果自己不帮陈鹏，说不定还能重新夺回爱情！可是，失去了李雅，陈鹏岂不更加痛苦？……经过彻夜思索后，虞伟最终说服自己，选择了维护友谊，决定出手帮兄弟渡过难关。

2005年元旦，虞伟取出打工攒下的3.6万元钱，坐火车回到蚌埠老家。他借给陈鹏3.5万元，另外的1000元作为贺礼送给他和李雅。陈鹏死活不要虞伟的钱，虞伟就说："你没有钱，就结不成婚。难道你想眼睁睁地看着李雅嫁给别人？"陈鹏这才眼含热泪收下钱。陈鹏伤愈后，用这笔钱把新房盖好了，并下了彩礼。

2005年2月4日，陈鹏和李雅的婚礼在老家隆重举行。婚礼当天，虞伟既欣慰，又痛苦，喝得烂醉如泥……之后，有媒人给虞伟介绍过几个女友，但是，虞伟一个都没有看上，母亲急得整天唉声叹气。

2005年12月，陈鹏的儿子豪豪出生了。孩子满月后，陈鹏和李雅在固镇县城租房开了个小吃铺，靠卖早点谋生。为了尽快还清向虞伟借的钱，陈鹏夫妻起早贪黑，省吃俭用，终于攒够15000元先还给了虞伟。2007年春节，虞伟回家过年，陈鹏邀请虞伟去他家吃饭，可为了不让李雅尴尬，虞伟婉拒了。

无奈，陈鹏只好请他到县城的一家馆子喝酒。那天晚上，虞伟醉得一塌糊涂。陈鹏将他扶回出租屋，让李雅煮粥端来给大哥醒酒。突然，虞伟一把抓住李雅的手，喃喃地说："李雅，李雅，我一直没忘记你呀！"李雅听后，手中的碗咣当一声掉到地上，一旁的陈鹏也惊得目瞪口呆。事已至此，李雅只好将当年她先与虞伟恋爱，后来移情别恋嫁给陈鹏的事，从头到尾说了一遍。陈鹏猛然醒悟过来，责怪李雅说："你为什么不早告诉我呀？"李雅哭着说："这种事，我怎么说得出口？"

陈鹏痛苦地揪着自己的头发说："大哥待我亲如兄弟，我却横刀夺爱。他不但让出了爱情，还给我们垫付彩礼钱，真是恩比天高啊！"从那以后，陈鹏心里愧疚无比，总想找机会好好报答虞伟。

第二天，陈鹏对酒醒后的虞伟说："干脆让豪豪认你做干爹吧，以后，我的儿子就是你的儿子！"虞伟出乎意料，尴尬地说："真的？那说话算话啊！"陈鹏重重地点了点头，李雅则羞红了脸。

为了帮助虞伟早点儿成家，陈鹏给他介绍了好几个女朋友，可虞伟却一个也看不上。陈鹏关心地问他："你都快30岁的人了，怎么还不成家？"虞伟苦笑道："我独来独往惯了，过两年再说吧！"

2007年8月，由于陈鹏的小吃铺生意不错，有些"小痞子"总来闹事，甚至对李雅动手动脚。无奈，陈鹏只好关了铺子，回到老家。

2008年10月22日，在虞伟的带领下，陈鹏来到浙江省杭州市，在杭州地铁萧山区风情大道湘湖站施工队当钢筋工。由于要赶工期，他们每天都要在十几米深的基坑里作业十几个小时。有一次，虞伟生病，陈鹏为了让他不被扣奖金，就帮他顶班，连续工作了24小时，累得昏倒在岗位上……事后，虞伟责怪他不该这么拼命，陈鹏说："能为大哥做点儿事，我不觉得累！"

天崩地裂，

"礼让"生命的好兄弟消失了

　　2008年11月15日，雾锁杭城。萧山区风情大道湘湖站地铁施工现场一派繁忙景象，虞伟和陈鹏照旧在地铁基坑里忙碌。15时20分，虞伟突然听到轰隆一声巨响，漫天尘土扑面而来。陈鹏抬头一看，顿时惊得大声叫喊："塌方了，快跑！"虞伟还没反应过来，陈鹏已经钻进了离他们不远的一个钢筋笼子。这个笼子平时用来输送工具，紧急时可以将人从基坑底升上地面。陈鹏扭头看见虞伟还愣在原地，又跑回来拉着他一同向笼子跑去。可当他们再次返回时，装载了四名工友的钢筋笼子已缓缓升起，离开了坑底。

　　无奈，陈鹏只得将虞伟快速推上旁边的一架钢梯，两人一前一后顺着十几米高的梯子迅速向上爬去。可当他们快爬到地面时，从一侧挤压而来的土方将梯子挤歪了。千钧一发之际，陈鹏托住虞伟的屁股一把将他顶到地面，然后喊了一声："照顾好我的老婆和孩子！"话音未落，他就随着梯子直直地栽倒在坑底。虞伟正要折身跳下去救陈鹏，一旁的老工人朱举中一把抓住他说："跳下去只有死路一条！"说时迟那时快，基坑两侧坍塌的砂石，瞬间就将陈鹏掩埋了。

　　惊魂未定的虞伟环顾四周，才惊骇地发现，眼前的风情大道塌陷了长70多米，宽20米的一大片，随着路面陷落的还有十几辆小轿车和一辆公交车，车上的人们纷纷冲出车逃命。半晌，虞伟才反应过来，哭喊着跪在陈鹏陷落的地方，徒手使劲地刨着沙土，企图救出他的好兄弟……于是，就出现了本文开头的那一幕。

　　15时32分，萧山区消防大队的救援人员赶到，立即拉起警戒线。紧接着，一个个受困工人被抬出来。每抬出一人，虞伟就跑过去辨认，看看是不是陈鹏。可一直等到天黑，仍然不见陈鹏被救出，虞伟开始绝望了。

　　当晚，李雅接到虞伟的电话，乘坐晚上的火车于11月16日中午抵达杭州。面对哭成泪人的李雅，虞伟始终不敢正视她的目光，只是一个劲儿安慰她。然而，经过几天的搜寻，陈鹏仍然没被挖出来。

截至18日20时20分，由于已超过72小时的黄金救援期，失踪人员已无生还可能。当晚，李雅跪在塌陷工地的路边，哭得死去活来："陈鹏，你太狠心了！你走了，丢下我们母子怎么活啊！"夜已深，虞伟抑制住内心的悲痛，强行扶李雅离开。然而，悲痛欲绝的李雅死活不肯，拳头雨点般地落在虞伟的胸脯上……

到了11月23日，搜救人员还是没有挖出陈鹏的遗体。至此，事故已造成17人遇难，4人失踪。李雅见不到丈夫的遗体，又挂念家中的幼子，只得将丈夫的身后事委托给虞伟处理，自己先返回安徽。在杭州火车站，虞伟塞给李雅500元钱，安慰她说："你放心回去吧，等找到陈鹏的遗体，我会带他的骨灰回乡安葬。"李雅看着曾被自己"抛弃"的前男友，两行热泪悄然滑落。

随后，已经确认身份的遇难者家属获得赔偿，而包括陈鹏在内的4名失踪人员，理赔手续却相当麻烦，需要回他们的户籍所在地，由当地民政局和派出所开具相关身份证明，然后交付保险公司审核。这些事，自然落到虞伟的肩上。11月27日，虞伟携带着陈鹏的所有遗物——两套换洗衣物和一床旧被褥，坐火车回到蚌埠老家。陈鹏的母亲得知儿子出事后，眼睛都哭瞎了；李雅睹物思人，抱着儿子豪豪哭得晕过去。虞伟看着这一幕，想起危急关头，陈鹏要不是跑回来救自己，那埋在地下的就该是自己……眼泪不禁夺眶而出。

按照当地的风俗：死在外乡的人，一日不入土为安，灵魂就无法得到安息。于是，虞伟请来一位风水先生，为兄弟找了一块风水宝地，隆重地将陈鹏的衣物安葬了。在陈鹏的"衣冠冢"前，虞伟含泪承诺："兄弟，你安息吧！你的遗愿我会努力替你完成，就算终身不娶，我也会替你照顾好豪豪，将他抚养成人！"此时，天空飘着细雨，好像也在为这对患难兄弟洒下同情之泪。

2008年12月3日，本刊特约记者再次赴萧山地铁塌陷现场采访，已从安徽返回杭州的虞伟说，目前，陈鹏的遗体仍然没有找到，但是理赔的申报材料已交付保险公司，他正在等待处理结果。当记者问虞伟今后有何打算时，这个憨厚的汉子悲痛地说："如今，陈鹏尸骨未寒，处理好他的后事，对我来说就是眼下最重要的事。只要能让我兄弟在九泉之下瞑目，任何事我都愿意为他去做，哪怕终身不娶，哪怕舍弃生命，我也在所不惜！"

这段兄弟真情是如此令人震撼而感动，让我们为他们默默地祝福和祈祷吧！

冰天雪地中，
那辆冒险的雅阁载着一名小保安

肖璞

　　在大都市的很多居民小区里，富业主和穷保安之间往往相处得不太融洽，甚至常有冲突发生。然而在广州，有一个名叫江成刚的小保安却赢得了业主们少见的尊重！在2008年春节前的雪灾期间，一个业主得知江成刚在湖南郴州农村老家的女儿身患重症后，竟然约了另两个业主，冒险亲自开着自己的本田雅阁新车，护送江成刚回家探女；当车困在半路不能前行时，这3个业主居然昼夜步行21小时，历经千难万险一直将他送到那个小山村！

　　人们不禁要问：这些业主为什么要对一个小保安这么好？冰天雪地的黑夜里，崎岖难行的险路上，他们之间演绎了怎样感人肺腑的兄弟情呢？

感动都市人，
小保安拾到巨款不动心

今年32岁的江成刚，出生在湖南省郴州市宜章县岩泉镇胡家村。1998年，他与同镇姑娘陶莉结婚，次年生下女儿江珊珊，一家人虽然生活贫寒却不乏温馨。

然而，珊珊身体一直很差，常常腹泻和呕吐。2003年3月的一天早上，珊珊腹泻和呕吐后居然出现全身浮肿的症状，江成刚忙把女儿送到医院检查。经医生诊断，珊珊属于先天性泌尿系统畸形，并患有慢性肾衰竭。医生对江成刚说："你女儿的病要及时治疗，如果病情严重了，就需要终身做血液透析或肾移植！"

从那以后，小珊珊就药物不断。两年多下来，为治女儿的病，江成刚夫妇已欠下3万多元的债。为了让女儿得到继续治疗，江成刚决定外出打工挣钱。2006年春节后，他来到广东省广州市，不久就在番禺区金海岸花园找到了一份保安工作。

江成刚十分珍惜这份工作，总是尽职尽责地力求做到最好。而且，如果看到业主们有什么困难，他总是会出手相助。3月11日，他正在小区巡逻，看到一个女业主在四处张望，身边还放着一个煤气罐子。他便走过去询问，得知女业主所在这个单元的电梯坏了，而她的家在六楼，正犯愁难以把煤气罐扛上楼。江成刚二话没说，扛起煤气罐，一口气上到六楼，帮她送到了家。

2007年4月的一天，江成刚突然从监控视频里看到一位老人倒在地上，便赶紧叫上两个同事跑过去。没想到，同事见老人口吐白沫，竟说："我们走吧，别没事找事。"可江成刚不听，独自将老人背到医院救治，并垫付了医药费。原来，老人突发了癫痫病，经医生抢救很快就好了。待老人清醒后说出自家地址，他又把老人送回了家。老人的儿子感动不已，表示要重谢江成刚，但他只收下了垫付的医药费……

这样的好事越做越多，业主们渐渐熟悉了江成刚这个小保安。可是，业主们哪里知道乐于助人的江成刚心里的苦恼呢？他其实无时无刻不在挂念着家中生病的爱女，做梦都想着天上能掉下一笔钱，治好女儿的病。没想到，这样的"美事"有一天真的让他碰到了！

2007年5月15日凌晨，上夜班的江成刚例行巡楼时，在2栋3单元6楼的楼梯口拾到了一个皮包。他打开一看，发现里面竟装着一沓沓百元大钞！他当时想，如果拿这些钱去给女儿治病，一定能治好！可他随即又想：失主掉了这么多钱，一定心急如焚；自己如果贪心"黑"了这笔巨款，良心一生难安啊！还是尽快找到失主吧……于是，他快步走到值班室，向组长汇报了此事。组长将现金一清点，竟有整整100万元！经过商量，他们马上写了一张招领启事，贴在了保安室门口。

第二天一清早，就有一名叫徐柱远的业主前来认领巨款。巨款的失而复得，令徐柱远感激之心难以平静！他当即拿出两万元酬谢江成刚，但江成刚却一口回绝了，徐柱远只好给他送来了一面锦旗。

这事很快就传遍了小区，业主们得知江成刚的家庭情况和女儿的病情后，越发觉得他拾金不昧的精神难能可贵，打算为他组织捐款，谁知江成刚不愿给业主们添麻烦，礼貌地谢绝了。这让业主们更加敬重江成刚这个人，纷纷称赞他为"史上最好的保安"。

冒死相送！
这份情谊不关富与穷

一晃半年过去了，金海岸花园小区的业主们几乎都认识了江成刚，而他与业主们的关系也更加融洽。然而，2008年1月20日，江成刚突然接到妻子陶莉的电话，陶莉抽泣着说："你快回来吧，女儿病情十分严重……"江成刚听罢肝肠寸断，当即决定请假回家。可这天晚上，他却从电视上看到湖南境内已连续下了好几天雨雪，很多路段的交通都已瘫痪。

第二天天未亮，江成刚赶去买回家的火车票时，竟得到一个更坏的消息：10天内到郴州的火车票都没有了！心急如焚的他走投无路，便抱着一线希望在小区门口贴了一张"高价求购火车票"的启事。但转眼3天过去了，还是没人能帮他弄到车票。

但是，江成刚贴出的"求票启事"却引起了业主徐柱远的密切关注。其实，自从江成刚将拾得的百万巨款不求回报地原数奉还后，徐柱远就一直在寻找机会感谢他。如今得知他急着回家看望病重的女儿，又买不到火车票，徐柱远决定亲自开车送江成刚回家！他想，自己的本田雅阁车刚买不久，性能好，耐得住长途颠簸。但考虑到路途遥远，尤其大雪中更要注意安全，他决定再找两个邻居同行，轮流开车。起初，他还以为要过年了，不太好找人，没承想业主们都对保安江成刚充满了好感，竟纷纷响应，主动要求与他做伴。最终，徐柱远从中选了两个身体素质较好的业主：张嘉和陈旭东。3人商量着第二天就出发，并把这个决定告诉了江成刚，让他做好准备。江成刚得知后，感动得一夜无眠！

1月24日，天还未亮，江成刚便随同徐柱远等3位业主上路了。8点左右，车行至京珠高速公路韶关以北约40公里处时，路面已经全部冰冻，所有车辆都如蜗牛一样小心前行。江成刚下车询问后，才知道此处已经堵车4小时了，根本不知道什么时候才能通行。这一等，就等到了中午，车子还是没有半点儿能往前开的迹象。江成刚急得像热锅上的蚂蚁，同时又感到过意不去，他不忍心让3个好心业主跟着自己挨饿受冻了。他想：与其在这儿等，不如自己步行回去！这里离郴州还有60多公里路程，步行估计需要10多个小时，可为了心爱的女儿，说什么也不能在这儿耗着！于是，他将自己想独自步行回家的想法告诉了徐柱远3人，请他们开车返回广州。

然而，江成刚的要求没有得到"批准"。3位业主能理解江成刚归心似箭的心情，但想到天黑以后江成刚还在路上，怎么放心让他在冰天雪地里独自行走呢？3人当即决定，一起步行送他回家！江成刚拗不过，只好答应了。于是，徐柱远把车锁好后，大家开始步行上路了。

4个人互相搀扶着行走，却还是那么艰难。冰冻的路面非常滑，3位业主穿的都是皮鞋，鞋底很硬，更易打滑。尽管非常小心，徐柱远还是重重地摔了一跤，身旁的张嘉情急之下伸手去扶，竟也摔了个仰面朝天，痛得好半天爬不起来。到傍晚天黑下来后，他们摔倒的频率更加频繁。陈旭东身体较胖，每当摔倒后，总要好半天才能爬起来。可他没有喊一声疼，反而哈哈大笑一声，爬起来继续上路。在他的影响下，此后每当有人跌倒，大伙都哈哈大笑，既调节气氛，又缓解了疲劳。这一切，使得江成刚感动得眼里溢满了热泪。

走着走着，徐柱远感觉阵阵寒意从脚底升起，他脱下鞋一摸，才知道皮鞋进水了，脚趾冻得乌紫。江成刚见状，焦急地说："徐哥，你是南方人，从来没受过冻，这样会冻坏脚趾的！我们换鞋穿吧，我比你耐冻！"可徐柱远却将自己的湿鞋重新穿好，对他说："我有脚气，可不能把你传染了！"江成刚的热泪顿时夺眶而出。

在连摔带爬中，他们迎来了一个下坡口。如果就这样直立着走，滑倒后一定会滚下去。江成刚提出大家都坐着滑下去，为了验证这个方法是否可行，他第一个"试验"。谁知由于有的地方冰块突起，滑下去时忽然哧的一声，他的裤子被划开了个大洞。可滑到下面后，他顾不上这些，马上挥着手大声叫喊着，示意大家避开他刚滑过的地方。江成刚的举动让3位业主感动不已，他们更加坚定了送他到家的决心！

4人你搀着我，我扶着你，继续向前走去。为了鼓舞斗志，大家边走边唱歌加油打气。直到晚上7点多，他们才终于到达郴州高速公路出口。下了高速公路，大家休息了几分钟，又鼓足劲头向宜章县出发了！

7个多小时后，历经艰险，饥寒交迫的他们终于到达了宜章县。这时，江成刚提议在县城住一宿，3位业主第二天就返回广州，他自己走回家。细心的徐柱远却让江成刚先给妻子打个电话，询问女儿的病情。没想到，江成刚却怎么也打不通家里的电话。见江成刚忧心如焚，徐柱远与另外两位业主商议后，对江成刚说："干脆我们送你回家得了，免得你担心家人，家人也担心你呀！"随后，他们买了4只手电筒，在一家小餐馆匆忙吃了一顿饭，就又顶着漫天的飞雪上路了！

此后，经过近5小时的艰难跋涉，他们终于走到了岩泉镇。此时，已是25日凌晨六点半！尽管如此，更大的困难还等待着他们——从岩泉镇到江成刚的家还有5公里的山路，不仅蜿蜒崎岖，而且很多路段两旁都是崖坡、水田或鱼塘，太危险了！

安心给孩子治病，
钱我来解决

天还没亮，想到3个业主都没有走山路的经验，江成刚停了下来，说："3位大哥的恩情我一辈子都忘不了，你们返回吧！剩下的路，我一个人走。"业主们知道江成刚是担心他们的安危，可想着江成刚一个人走山路，万一遇上什么不测，连个帮忙的人都没有，3人说什么也要护送他到家。

见江成刚不肯带路，徐柱远和张嘉便扶着他，硬"逼"着他带路。就这样，4人重新踏上漫漫"冰路"。此时，大伙只能借着手电筒的光亮，一点点摸索着前进。因为山路崎岖不平，路又滑，他们只能侧着身子，你拉着我的手，我拉着他的手，一点点地往前挪。江成刚负责探路，遇到陡峭的地方，他就让后面的同伴先停步，自己过去了，才让他们继续前进。

刺骨严寒考验着每个人的神经。3位业主都是平生第一次经历这种严寒，他们终于都支撑不住了。这时，张嘉提议说："我们唱支歌提神吧！"说完，他首先大声吼开了："团结就是力量……这力量是铁……"大家都跟着高声吼唱了起来，歌声在寂静的黎明中显得那么嘹亮！他们互相鼓励着、搀扶着向前走去……

天终于渐渐亮了，但每个人的体能几乎消耗殆尽，手脚也早就冻得几乎没有知觉。离家越近，江成刚就越恨不得能长出翅膀飞过去。就在这时，意外发生了——江成刚脚下一滑，重重地坐在地上！当他试图站起来时，却感到一阵剧痛从脚踝传来，试了好几次，竟都没能站起来。坐在冰冷的雪地上，他流出了绝望的眼泪。

3位业主都被这突如其来的变故惊呆了！怎么办？3人一合计，决定轮流背江成刚。江成刚怎么也不同意，连忙说："你们护送我走了这么长时间、这么险的夜路，我已经很过意不去了，怎么能再让你们背呢？"可徐柱远一把拖起坐在地上的他，不由分说，背起他就走。

雪渐渐停了，可随即又下起了更加刺骨的冻雨，冷得人直打哆嗦！为了防止背着江成刚的徐柱远摔倒，张嘉和陈旭东在后面小心地托着江成刚的屁股。趴在徐柱远的背上，江成刚的眼泪渐渐打湿了他的衣服。

就这样，江成刚被徐柱远、张嘉和陈旭东轮流背、轮流托，又前进了两小时。当他们走过最后一个山坳时，终于看到了一个院子。江成刚用手一指，说："就是那里了，我们终于到了！……"得知"万里长征"终于快走完了，大家都惊喜不已。但就在那一刻，陈旭东和张嘉都累得瘫坐在地。江成刚鼓足力气，朝着自家院子奋力高喊妻子的名字！陶莉听见丈夫的呼声，连忙叫来两个邻居，将累倒的陈旭东和张嘉扶进屋里。此时，已是9点20分，他们整整步行了21个小时的冰雪路程！

一到家，陶莉就生起了火盆让他们取暖，又找来干净暖和的衣服和鞋子让徐柱远3人换上。他们脱鞋的时候，费了好大的劲都脱不下来，最后还是江成刚夫妇帮忙，这才连拉带拽地脱了下来。一看，徐柱远他们的脚指头全都冻得惨白惨白的！江成刚夫妇心里难过极了，泪如雨下。听江成刚说了3个好心的业主陪送他回家的艰难之旅，陶莉含泪忙去煮醪糟汤给他们吃。

徐柱远3人一边喝汤，一边关切地询问珊珊的病情。陶莉一听又是一阵哽咽。原来，小珊珊的病情已经到了非换肾不可的地步，需要10多万元的手术费！江成刚听罢，急得抱着女儿放声大哭。3名业主当即纷纷抢着抱珊珊，徐柱远还率先掏出了兜里全部的800元钱，塞到江成刚手中。当江成刚拒绝时，徐柱远佯装恼怒地说："要不是你，我那100万元都找不回来了，我的生意也不用做了……"张嘉和陈旭东也纷纷劝江成刚收下，并且各自掏出几百元钱，硬塞给江成刚。末了，徐柱远对江成刚说："你们放心，给孩子治病的钱，我们一起想办法。这个忙，我帮定了！"

2008年1月26日，吃过早饭后，徐柱远等3人就准备回家了。江成刚夫妇一再挽留，但3人还是坚持告辞了。其实，他们这么急着冒雪赶回广州，除了怕家人担心外，还想赶紧为珊珊筹钱换肾！看着他们一步步艰难离去的背影，江成刚夫妇的眼泪再次簌簌而下……

从那一刻起，江成刚夫妇一直惦记着3位恩人的安危。直到第三天，他俩接到了徐柱远3人平安到家的电话，悬着的心才放下了。徐柱远在电话里说："你们尽快联系医院给孩子做手术，费用包在我身上！"

2月11日，江成刚将珊珊送到了郴州市人民医院，等待院方寻找到肾源后做移植手术。2月18日，得知珊珊入院后，徐柱远又开着车来到郴州，看望珊珊，同时给她带来了很多玩具。第二天离去前，徐柱远到银行取了2万元钱，交给江成刚，让他暂时预付女儿的住院费，并对他说："现在路通了，开车方便，我会经常来看珊珊的。待她动手术时，我再送手术费过来。这期间有什么困难，及时告诉我，别把我当外人。"面对这样的如山恩义，江成刚夫妇感动得泣不成声！

这事在江成刚的亲朋中传开后，许多人都感慨万千。一个外出打工回来过春节的老乡对江成刚感叹道："成刚，我在外打工这么多年，还没见过当保安的与业主有这么深的情谊。有的业主最瞧不起保安了，对他们总是不屑一顾。你靠着自己的为人，赢得了业主这样的信任，得到了他们这样的帮助，真是难得啊！"的确，人和人之间只要相互尊重、相互帮助就可以和谐相处，甚至可以建立深厚的感情。江成刚与徐柱远等业主的以恩报恩、互相帮助的故事，就充分说明了这一点。在这里，我们在对金海岸花园和谐的人际关系表示赞赏的同时，也对徐柱远等好心业主对打工兄弟江成刚的帮助表示敬意！

不做情人，不做二奶，我的路在何方

——本刊编辑千里飞赴长春为一位打工女孩指点迷津

陈清贫

2007年11月15日，新浪杂谈论坛里贴了一篇题为"不做情人，不做二奶，我的路在何方？"的帖子，主人公梁艳在文中写道，她是一名漂亮的打工妹，在外闯荡5年，连换了10份工作，几乎每次跳槽都是因为受到老板不同程度的性骚扰，有的老板要请她代孕，有的老板想包她做"二奶"……无奈之下，她只好千里大逃亡，从四川盆地逃到了冰天雪地的东北。谁料，"天下老板一般色"，她在第11份工作中，依然摆脱不了被包养的命运……为此，她十分困惑迷茫！

此文贴出后，在网上引起很大反响，很多网友纷纷跟帖支招。本刊编辑看了她的故事后，内心也久久不能平静：这是一个多么纯洁的女孩啊！为了坚守内心的这份纯洁，她付出了多么沉重的代价！当本刊编辑与她取得联系时，竟惊讶地得知她正准备收拾行囊回老家，再也不出来打工了。最后，经过编辑部的热烈讨论，决定委派资深编辑陈清贫从武汉紧急飞往长春，千里劝阻这个迷茫的打工妹，给她指点迷津。以下，就是梁艳在长春市春天宾馆茶室里的悲情讲述以及本刊编辑的劝阻过程……

悲哀！

色老板为何总爱骚扰我

1983年1月，我出生在四川省广元市剑阁县的一个小山村里。因为长得乖巧可爱，所以大家都爱叫我梁梁。由于家境贫寒，母亲多病，我刚读完高二就辍学了。

父亲做人颇有几分骨气，从小他便教育我，要清清白白地做人，永远不要做有辱家门的事情。

2003年春节过后，刚满20岁的我不甘心在农村早早嫁人，就约上好友王华玲一起到了成都，应聘进一家电子厂打工，每个月工资600元，包吃包住。

我所在的车间负责焊接工作，由于经常加班，导致睡眠严重不足。王华玲上班的第二个月就把手烫起了大泡，在宿舍休息时，又被假惺惺上门探视的车间主任骚扰了一番，气得大哭了一场。在这里坚持了大半年后，有一天，王华玲突然对我说："梁梁，我实在受不了了，咱们一起走吧！"我想到辞职后生活可能会无着落，就没有答应她，王华玲只好独自辞职，与我洒泪而别。

2004年9月的一天，我交完报表刚准备出门，经理突然叫住了我，关切地说："梁梁，你在车间工作太辛苦，我这里正好需要一个文员，不如你来帮我吧！"

我欢喜地来到经理办公室，可我还没来得及为熬出头而高兴，就看到经理邪笑着用脚把办公室的门抵住，一双肮脏的手不怀好意地朝我的胸前伸过来。我大为震惊，心中的欢喜一扫而光，本能地躲开经理，不顾一切地从办公室冲了出来。我跑出很远，还听到经理在身后骂道："不识抬举，你真以为天上会掉馅饼啊！"

那一刻，屈辱的泪水顺着脸颊落了下来……这个厂是不能再待了！第二天，我便辞职了！拎着单薄的行李走出厂门，我告诉自己必须尽快找到一份工作。当天下午，我看到一家酒楼门前贴了招聘服务员的启事，便走了进去。老板是个40多岁的男人，身体肥胖，他看了我一眼，眼睛一亮，然后指着一大盆用清水泡着的河蚌说："每月工资700元，包吃包住，要做的话，现在就把这些河蚌刮干净！"

整整一天，我的双手泡在混浊的黑水里刮着河蚌，那腥臭的气味直往上冲，冲得我胃里翻江倒海。我的一双手很快就泡得又红又肿，冷风一吹钻心地疼。其实，我的手指漂亮修长，很多人都说像钢琴家的手，可是这双手现在每天只能刮河蚌，我是多么的不甘心啊！

虽然工作又脏又累，但老板对我很客气，每个月都会多给我两三百元奖金。我每月给家里邮寄700元，给母亲治病和妹妹读书用，剩下的钱一分也不敢乱花。

这期间王华玲来找过我一次，穿着打扮明显时尚多了。她请我吃了昂贵的海鲜，还送了我一套价值不菲的化妆品。我又惊又喜地问她："你找到什么好工作了？也介绍我去好吗？"没想到王华玲却支吾着说："那……那地方比较偏僻，你……不适合去。"

2005年元旦，晚上下班后，老板突然叫住了我，像是下了很大决心地问："梁梁，你觉得我这个人怎么样？"我回答说："老板，你人很好，对我很关照。"

听了我的话，老板把我带到他的办公室，道出了自己的心事。原来，老板膝下只有一个女儿，他想再生个儿子，但老婆一直怀不上。他说只要我愿意为他再生一个儿子，他就给我12万元营养费。

见我不吭声，老板又说："看你细皮嫩肉的样子，哪像是干粗活的人哪！我是真喜欢你。如果你替我生了儿子，我还可以离婚娶你。如果你不肯，只要跟着我，我每月给你1000元生活费……"

当时，我吸取第一次的教训，忍着厌恶没有说一句话。晚上回到宿舍，我怎么也睡不着。12万元，那是一个什么概念啊！有了12万，不仅可以还清家里积欠的债，还可以盖幢全村最大的楼房。从此，妹妹有钱读书，妈妈也有钱治疗她的冠心病了……然而，父亲"做人要清清白白"的叮嘱又响在耳边。最终，别无选择的我只好第二次选择了逃离，带着行李悄悄离开了酒楼。

处处"二奶"陷阱，
坚守最后防线有多难

我再次失业了，每天四处找工作。有一天，我突然发现前面一辆小轿车上下来一个年轻漂亮的女人和一个年纪很大的老头儿，两人手挽着手，极其亲密。如果不是靠得近，我根本无法认出这女人竟是王华玲！

就在我俩对视的那一刻，王华玲也认出了我。那一刻王华玲异常尴尬，跟我聊了几句后，告诉了我她的电话号码，就快速离开了。第二天，我给王华玲打了一个电话，我们约好地方，见面后，她才向我道出实情。那老头儿是成都一家房地产公司的副总经理，身家千万。王华玲在一次偶然的机会认识了他，并很快成了他的情人。

王华玲多次对我说："你长相比我好，条件比我好，如果你不介意，我帮你介绍几位有钱的老板认识吧。反正这年头，感情什么也不是，金钱才是真的！"

我没有理睬王华玲的"二奶理论"，2006年5月，我再次在一家火锅店找到了一份服务员的工作，包吃包住，一个月1000元。然而仅仅两个月后，我又一次感受到了老板火辣辣的目光。不久后，不出所料，老板又对我动手动脚起来！我只得再一次选择逃离。

此后，我又找了几份工作，竟然都遭到了不同程度的骚扰。几个月后，我的钱又用完了，生活再度陷入窘境。王华玲叹着气教训我说："你呀，真是死脑筋！"

2007年5月，我进入一家物管公司当起了收费员。不料在这里我再次遭遇性骚扰，而且是暴力性的！那次，老板带着我参加一次应酬。客人散去后，喝得醉醺醺的老板便对我说："从见到你的第一刻起，我就喜欢上你了，只要你答应我，我立刻给你5万元现金！"

老板边说边伸手搂我的腰，我连忙躲闪到一边，老板非常生气，说："今天你答应也好，不答应也好，我都吃定你了！"说着，猛扑过来一把就把我死死抱住，然后把臭烘烘的嘴巴凑到我脸上就亲。我极力挣扎着，喘着粗气说："老板，你再这样，我就报警了！"

老板毫无惧色，说道："你报警啊，老子在白道、黑道都有朋友！"好在这时我已经退到了门边，我趁他不备，迅速转身一把拉开房门，跑了出去。

老板在背后不停地咆哮着，我吓得头也不敢回。等我气喘吁吁地绕了一个大圈回到女工宿舍时，发现老板已经带着两个人在门口守着！我只得掉头再跑。当时，我身上只有100多元钱，没带身份证，无法住店，最终只得跑到火车站候车室里，浑身发抖地待了一夜。

第二天，我给一个要好的同事打了电话，让她帮我把行李带到火车站，工资也不要了。见到我后，同事着急地说："梁梁，你赶快走，老板正到处找你呢！"

我听后又惊又怕，当即决定离开这个是非之地。当时，看着屏幕上不停滚动的车次和城市名，我非常困惑，究竟该去哪儿呢？这时，我看到K386次列车就要发车了，就直接买了张硬座票上了车，一路来到沈阳。

2007年8月19日，几经周折，我又到了长春。在一家"十元店"住了一个多星期，我很快找到了一份售楼小姐的工作。也就是在这里，我遇上了高成。

那是我上班的第三天，衣着普通的他来到售楼部并不起眼，但我仍热情地做了一番介绍，他临走时递给我一张名片说："我想买几套房作为办公室和职工宿舍，你给我做个计划。"我接过名片，吓了一跳，没想到年轻的他竟是一家建材公司的董事长！

合同顺利签下来后，高成便经常造访，我们俩渐渐熟络起来。由于房子很快封顶，销售工作也接近尾声，应高成的一再邀请，我便跳槽到他的建材公司上班，任董事长秘书。工作很轻松，月工资2000多元！

不想当猎物，
就要把自己变成狮子

平时工作中，高成对我很照顾，可他热烈的目光常常让我无处躲藏。2007年10月的一天，他终于摊牌了。当时办公室里没有人，高成对我说："梁梁，老实告诉你吧，你很漂亮，也很能干。如果你跟着我，我能以你的名义给你买一套两室一厅的房子，并且你不用上班，每个月还可以领2000多元的工资！"

又是"包养"，又是做"二奶"！我差一点儿疯掉了！千里逃亡，竟然还是没能逃脱这种"宿命"！然而，我实在不忍放弃这来之不易的工作，于是我"聪明"地对高成采取了回避的办法，既不答应也不拒绝。

这样的日子又坚持了两周，有时办公室没有人，高成便走出来，在我肩膀上摸来摸去。每遇此情况，我都赶紧站起来，以给他拿文件为由避开。

由于我的不屈从，我与高成之间的关系越来越差，他开始对我挑剔，甚至开始大声训斥。到2007年11月13日，我最担心的事情终于发生了！这天我接到了人事部的通知，我因工作"不敬业"，被解雇了。

这一天正好是我父亲48岁生日，我给父亲汇了一笔钱，然后打电话祝福父亲生日快乐。父亲急切地问起我的现状，我强忍悲痛，笑着说："爸，您放心，我现在找到了一份好工作，月收入2000多元呢！……"

11月15日，悲恸欲绝的我在网吧上网。QQ上好友们不停地安慰我，让我重新开始新的生活。王华玲更是在QQ上对我说："梁梁啊，你还是认命吧，做几年'二奶'，什么都回来了！……"联想起自己这些年的打工经历，我心里五味杂陈。于是，我含泪在网吧里写了一篇文章《不做情人，不做二奶，我的路在何方？》，文中我写道："我千里逃亡不做'二奶'，前后找了10多份工作却仍逃脱不了如此厄运，是我的错吗？难道长得漂亮的女孩，就只有做'二奶'的命吗？"

当晚写完这篇文章，贴到新浪杂谈论坛后，我几乎是一路哭着回寝室的。而出乎我意料的是，过了没多久，我突然接到了王华玲的哭诉电话，原来那个副总经理不止她一个'二奶'，不洁交叉性行为使她感染上了严重的性病，而那个干瘦的老头儿已经将她扫地出门了。

王华玲在电话那端哭，我在电话这端哭。我们实在不明白这世界到底怎么了，为什么我们想凭自己的双手过活，清清白白地做人，就这么难？不做二奶没路走，做了二奶也没好下场，除了回家，远离这些物欲横流的大城市，我还能做什么呢？惹不起我总躲得起吧？

梁艳向本刊编辑一口气讲完了她的遭遇后，悲难自禁，趴在茶室的西餐桌上哭了起来。本刊编辑也深深地为之感慨，待她哭声渐息，递给她一张餐巾纸，等她擦干眼泪后，才开始和她进行下面这场对话。

陈清贫："梁梁，这4年多来，你有没有想过，为什么你会屡屡受到骚扰？为什么那么多老板、大款，都想占你的便宜，或者包养你当'二奶'？"

梁艳抬起头来，疑惑地看着我，显然她从未考虑过这个问题，嗫嚅着说："我……我不知道！也许，是因为我长得漂亮吧？"

陈清贫："漂亮是一回事，但这只是表面原因，更深层的是因为你，或者说像你这样的打工妹，学历低，收入低，那些大款、老板自然认为你们好'钓'，容易上钩，所以就屡屡把你当作猎取的目标。"

梁艳听了，呼的一下站了起来，不服气地说："学历低，收入差，是环境和现实造成的，又不是我们的过错！你这样说，是在替那些无耻的大款和老板脱罪！"

编辑见她情绪激动，示意她坐下说。

陈清贫："你不得不承认，这4年多来，你频繁跳槽，但换来换去，一直是在一些层次比较低的工作环境里挣扎，遇到的骚扰也都类同！你难道就没想过为什么？——这是因为那些老板认为，你们很穷，你们渴望靠钱改变命运，你们最容易被金钱俘虏！"

梁艳听了，低下头，若有所思，然后问道："那你说我们该怎么办呢？难道就该这样任人宰割？或者缩回老家，跟父母过一辈子？"

陈清贫："当然不是！你们之所以出来打工，就是想改变自己的命运。这就足以说明，回家未必就是回到安乐窝。逃跑，就是懦弱！在成功的路上，哪个人不是拼搏出来的？如果一遇到困难就退缩，那何谈追求，何谈改变命运？所以，我不赞同你回老家，当然更不主张你堕落。"梁艳的眼圈又红了，一串眼泪再次夺眶而出："那……我应该怎么办才好呢？"

陈清贫："只有两个字：打拼！爱拼才会赢嘛！你可以选择去充电，去学习，去进修，可以读技校，参加成人高考，或者参加一些培训班。通过学习，努力提高自身的素质，增强自身的实力。能力提高了，你才能凭着自己的才华，而不是凭自己的漂亮脸蛋赢得更高的薪水、更高层次的工作环境；你才敢于跳槽，敢于向老板说不！这样，随着你主宰自己命运能力的提高，那些浅薄的、只知道用金钱砸晕那些同样浅薄女孩的'色大款'才会对你知难而退，出现在你身上的'骚扰'才会大大降低！记住：不想成为猛兽的猎物，你自己就得先成为狮子！"

谈话间，3个多小时一晃而过。梁艳听了本刊编辑一番话，有一种茅塞顿开的感觉。她收住眼泪，小女孩般的天真微笑重新浮现在脸上。她真诚地说："陈老师，谢谢你今天这番话，我会按你的话去做的。"临别时，梁艳的神情充满了对未来的憧憬……

【后记】2008年2月16日，农历大年初十，梁艳再次致电本刊编辑部。电话中，她说她已报名参加了长春的一个英语培训班和一个电脑培训班，还在目前工作的酒厂拜了一个老师父为师，学习酿酒技艺。她说，相信通过自己不断的努力，用不了多久，她就可以找到一份像样的工作了。到那时，她也就不再害怕被那些不怀好意的老板打主意了。我们由衷地为她高兴，并为这个洁身自好、不甘堕落的好女孩默默地祝福、加油！

冰天雪地中，
这场"爱情耐寒淘汰赛"好惨烈

亦东

2008年情人节前一天（2月13日），冰天雪地中的贵阳，寒风肆虐，气温仅0℃～3℃。然而这天，在贵阳郊外的一个山坳里，竟出现了令人震惊的一幕：3个男青年在一个女孩面前齐刷刷地脱掉上衣，坐在雪地里！

他们是在练功吗？非也！他们是在进行一场残酷的"爱情淘汰赛"——谁最耐寒，谁就可以赢得次日与女孩共度情人节的资格。15分钟后，其中一个男子自动退出竞赛，剩下的两人则继续比拼。58分钟后，一个男青年突然栽倒在地，并最终因抢救不及被冻死……

这些年轻人，为何会采取如此残酷的方式PK爱情？这起悲剧，告诫我们该如何正确对待爱情竞争呢？

优柔寡断，

女"黛玉"身陷四角恋

今年23岁的周洁是贵州省六盘水市水城县人，2003年考入重庆商学院，因为容貌清丽，体质较差，同学们便称她为"林黛玉"。但是，她的这种柔弱美偏偏折服了许多男生，来自重庆永川区何埂镇农村的同班同学钟兴明便是其中之一。钟兴明质朴而帅气，渐渐地，周洁拒绝了其他追求者，对钟兴明芳心暗许。

2007年春节后，进入大四的钟兴明和周洁开始利用实习机会联系工作。钟兴明幸运地进了重庆市南岸区一家外贸公司实习，后来又被该公司招聘为正式员工。为了能和钟兴明在一起，周洁也试图留在重庆，可直到6月底大学毕业，她仍然没有找到适合的工作，只得回到自己更熟悉的贵阳继续找工作。

2007年7月8日，钟兴明万分不舍地将周洁送上了开往贵阳的火车。列车缓缓启动时，钟兴明追赶着对坐在窗口的周洁说："我不在身边，你要好好照顾自己。如果在那边找不到好工作，就回重庆……"这伤感的告别，令周洁泪流满面。

其实，钟兴明希望周洁最终还是能回重庆。但是，7月底，周洁顺利地应聘到贵阳一家灯饰公司业务部做了文员。她连忙将这一喜讯告诉了钟兴明。钟兴明听后反而有些失落，觉得两人从此要饱受相思之苦了。

正式上班后，缺乏工作经验的周洁感到很不适应。幸运的是，上司卓瑜明和骨干业务员任强向她伸出了援助之手。时年27岁的卓瑜明来自贵州省遵义市，是业务部副经理，而时年25岁的任强则是贵阳市郊人，他俩是一对铁哥们儿。一天，周洁在整理一份产品单价表时，不小心将产品单价弄错了，送财务部时才被发现。老总大发雷霆，要周洁赔偿经济损失。这时，卓瑜明挺身而出，称单价表是经他最后审核的，他愿意和客户磋商，追回公司的经济损失；而这笔业务的业务员又正好是任强，任强通过和客户之间建立的良好关系，重新签订了一份合同，使事情得到了圆满解决。

这件事情，让3人的关系一下子拉近了。可就在周洁庆幸自己遇到了两个好同事时，尴尬的事情发生了：10月15日下午快下班时，她突然接到卓瑜明打来的内线电话："小洁，今晚我请你一个人看电影，我票都买好了，情侣票！你不会拒绝吧？"周洁的心乱了：卓瑜明分明是在向我求爱，可我已经有男朋友了呀！回想起这段时间卓瑜明在工作上对自己的诸多关照，周洁又不忍心一口回绝。思前想后，她最终还是接受了卓瑜明的邀请。谁能想到，3天后，她又收到了任强发来的更直白的求爱短信——周洁，从见到你开始，我就发觉自己爱上你了……这下，周洁犯难了，她想：卓瑜明和任强都对我很好，我已经"默许"了卓瑜明追求自己，如果这时明确拒绝任强，就会让他心理很不平衡；反正也不是与他俩真的谈恋爱，倒不如既不拒绝也不明确表示什么，可以让卓瑜明和任强"相互牵制"，还能对钟兴明的爱问心无愧……于是，周洁对于任强发来的求爱短信并不回复，却又在第二天上班时对他表现得很热情。结果，任强见周洁没有拒绝，不禁心甜如蜜！就这样，周洁尴尬地陷入了"四角恋"。

不久，卓瑜明和任强就发现彼此互为情敌了。不过两人毕竟是铁哥们儿，他们很有风度地接受了这种竞争局面，仍然都一如既往地对周洁好。11月18日，卓瑜明给周洁买了一条价值1380元的手链；几天后，任强则为周洁买了一部最新款的女式手机……面对卓瑜明和任强竞相献上的殷勤，周洁渐渐地从心神不宁到"习以为常"了。不过，由于周洁把大多数时间都用在了应付卓瑜明和任强上，便冷落了远在重庆的钟兴明。为此，周洁不由对钟兴明心生愧疚。

情人节前约定：
举办"爱情耐寒淘汰赛"

2007年12月24日早上，钟兴明突然打电话给周洁："我已经在你公司门口了，快出来！"原来，周洁的冷淡引起了钟兴明的警觉。因此，他赶在圣诞节前请了一个星期假，搞了个"突然袭击"，一方面是来陪周洁过圣诞节，另一方面则是为了检验她是否变心。

两人见面后都表现得很兴奋。周洁连忙拉着钟兴明来到附近的旅店，安排他住了下来。然后，她打电话给卓瑜明，以有急事为由，要他帮忙请了一天假。

这天，心怀愧疚的周洁带着钟兴明到贵阳逛了一天街，钟兴明还特意买了一个价值800多元的精致坤包，送给周洁作为圣诞礼物。然而这天下午，周洁相继收到卓瑜明和任强发来的短信，分别约她过平安夜。由于钟兴明一直在身边，她当时连短信都不敢回。随后，卓瑜明和任强又陆续打来电话，她仍不敢接，只得关机。

周洁的异样令钟兴明疑窦渐生。那天晚上，两人吃完晚饭回到旅店后，钟兴明试探着深情地问周洁："洁，今晚你能留下来陪我吗？"没想到，周洁却不安地推开他，转身就往门外走。钟兴明终于恼怒了："你这么急着离开，是不是有人在等你呀？"

周洁的脚步突然停住。看着钟兴明痛苦的表情，她终于流着眼泪把自己与卓瑜明和任强之间的事情和盘托出。听完这些话，钟兴明气得直跺脚，他觉得周洁这么做是背叛他，是脚踏三只船！哪个男人能忍受这种事呢？他当即把周洁赶出了旅店。第二天一早，他就伤心地回了重庆。

周洁的心里自然也不好受，她索性将自己和钟兴明的恋情告诉了卓瑜明和任强。不料，他俩虽然都很震惊，却并没有因此而退却，反而对她更加关爱。

回到重庆的钟兴明原本以为自己可以忘记周洁，可他苦熬了一个月，反而一天比一天更想念她。终于，他又打电话给周洁："洁，我实在忘不了你，春节到重庆来过吧！"仍然爱着他的周洁，当即答应了。

然而不巧的是，2008年春节前夕，贵州遭受特大冰雪灾害，交通受阻，周洁只得留在贵阳过春节。得知卓瑜明和任强两个情敌因此也不回家过春节，钟兴明便于2月1日请假提前赶往贵阳。

三个男人都这么爱自己，这让周洁不知如何是好。不过，这次钟兴明并没有让她难堪，2月6日（除夕）晚，他主动叫周洁把卓瑜明和任强约来一起吃年夜饭。三个情敌"狭路相逢"后，虽然表面都保持着风度，可内心却五味杂陈。尤其是钟兴明，内心痛苦不堪——周洁明明是他相爱多年的女朋友，如今却被两人插足；可事已至此，他觉得自己只能"大度"地争取表现机会，感动周洁，才能守住爱情。

此后的几天，4个年轻人还一起游玩了黔岭山、弘福寺和甲秀楼。然而，爱情毕竟是排他的。随着2月14日（农历正月初八）情人节的日益临近，3个男人的心理开始发生变化。尤其是钟兴明，本应返回重庆上班的他，却向公司打电话延长假期。2月10日晚，4人在吃消夜时，钟兴明当着周洁的面，对两个情敌说："我们3人陪周洁一起过完了春节，可如果我们再陪她一起过情人节，对她就是一种侮辱了。"

钟兴明的话得到了卓瑜明和任强的认可，而周洁却思绪万千，默默地流泪。随后，3个男人商量决定：一定要在情人节前，在3个男人中选出一人来照顾周洁；因为周洁身体较差，所以这个人首先应该身体最棒。这时候，钟兴明看着街道上的积雪，突然说："干脆我们到雪地里比拼谁最耐寒！我们脱光上衣，谁在雪地里坚持的时间最长，就证明他身体最健康，最有资格爱周洁。"

没想到，这个荒诞的方案居然得到了卓瑜明和任强的赞同。而周洁虽然觉得荒唐，但是想到这样可以测出3个人当中谁最爱她；另一方面，她觉得这个办法是钟兴明说出来的，他应该最有把握胜出，最后竟也同意了。直到这时，她才感到自己还是更爱钟兴明。

经过商量，他们决定于2月13日，在偏僻的贵阳市南明区云关乡黑坡生态示范村一决胜负。

冰天雪地中，

3个鲁莽男儿酿惨剧

2008年2月13日，贵阳的天空布满阴云，地上积着厚厚的冰雪，树枝上挂着冰条，气温仅在0℃～3℃。

吃午饭时，3个即将为爱决斗的男人竟仍然很有风度地相互敬酒。钟兴明还说了一段让周洁刻骨铭心的话："我和周洁相爱多年，是卓兄和任兄让我们的爱情经受考验，对此，我对你们表示感谢！不过我坚信，我能战胜你们！"钟兴明说这段话时，周洁一直噙着眼泪注视着他，感觉到了他内心的痛苦——他的嘴唇已咬出了鲜血，却还不想让两个情敌看见自己的"失态"，连忙喝了一口酒，和着鲜血一起咽了下去！

午饭后，4人坐出租车来到南明河畔。他们沿着河堤边走边聊，直到下午3点10分，才搭出租车赶往黑坡。为了避免决斗时被人打扰，他们下车后特意找了一个偏僻的山坳。那里有很多苍松，树枝上挂满了晶莹剔透的冰条。由于人迹罕至，地上的积雪很干净。

下午3点40分，比拼拉开序幕。3个男人同时脱光上衣，再把脱掉的衣服装进事先准备好的塑料袋里，放在地上垫坐，开始比谁更耐寒。

在刺骨严寒中，时间一分一秒地过去，3个男人开始浑身颤抖，不停地打喷嚏，上身被冻得通红。然而，他们仍咬牙对峙，谁也不愿退出比拼。一旁的周洁见状有些急了，她跑过去催促他们穿衣服，却没有人愿意听。

下午3点55分，寒风从山坳口刮来，苍松轻轻地摇摆，冰水便一串串地落在3个男人赤裸的身上。这时候，卓瑜明突然站了起来，哆嗦着穿好衣服，对钟兴明和任强说："我认输了！无论你俩谁胜出，我都真心地祝福你们。"说完，他便独自离开了山坳。

卓瑜明的退出，让周洁紧张的心理得到了缓解，她觉得此前的担忧不过是多余的，谁坚持不住就会主动退出比拼，不至于冻出大问题。然而，事实并非如此，钟兴明和任强见卓瑜明败退后，都觉得只要坚持下去就能击败对方，竟然都横下心要硬比下去。

下午4点10分，钟兴明和任强的身体已由先前的通红变成了乌紫。他们的身子已经完全僵硬，皮肤上也似结上了一层薄冰，连呼吸也开始急促起来……

下午4点25分，两人的眼珠已冻得不能转动……

下午4点38分，比拼了将近一小时，这场看似浪漫的爱情竞争终于演变成了灾难！钟兴明突然一头栽倒在了雪地上。周洁惊慌失措地冲了过去，用手去扶他。当接触到他赤裸的皮肤时，她才发现他的皮肤早已冷如冰块。她扶不起钟兴明，便向任强求助，但任强已冻得根本无法动弹，嘴巴艰难地嚅动着，却说不出话来。顿时，周洁急蒙了，不知该如何是好。大约又过了10分钟，她才清醒过来，赶紧帮钟兴明和任强穿上衣服。但钟兴明此时已脸色苍白，双眼外凸，没了反应。

周洁掏出手机拨打120，可令她绝望的是，山坳里根本没有信号。无奈之下，她只得跑到山下的公路上拦车。但直到大约20分钟后，她才看到一辆面包车经过。她拦下车后，求司机把钟兴明和任强背下山，然后急速赶往医院。

傍晚6点10分，面包车终于到达了贵阳市南明区人民医院。经急诊科胡玮等多名医生的紧急抢救，任强很快脱离危险——他只是因过度受冻，造成大脑缺氧，形成暂时的"冷麻痹"。然而，令人无比痛心的是，钟兴明的心脏在送到医院前一小时就停止了跳动。

得知钟兴明被冻死，周洁悲恸欲绝，当即哭得死去活来。家住贵阳郊区的任强的母亲得到儿子出事的消息后，连夜赶到医院，看到正在输氧的儿子，她心疼得泪流不止；而后，她又连连痛斥孩子们做事太荒唐，太不可理喻！

第二天就是情人节，可4个年轻人已品尝不到爱情的甜蜜：钟兴明已经离开了人世，周洁、任强和卓瑜明也都笼罩在极度的悲痛中。这天晚上，钟兴明的老父亲和大哥从重庆乡下紧急赶到医院。看到自己最疼爱的小儿子冻成了一具僵尸，年近六旬的钟父当场昏厥在地，只得在该院接受治疗。而钟兴明的大哥怎么也不相信弟弟竟会糊涂到被活活冻死的地步，遂向贵阳市公安局南明分局报了案，要求警方对弟弟进行尸检。2月15日下午，南明分局法医中心的张俊兰、邱敏两名主办法医做出"NO.0008722号死亡证明"：钟兴明死亡原因为低温冻死，性质为自然死亡。

得知儿子的死完全是咎由自取，钟父更加悲痛。2月16日上午，任强、卓瑜明和周洁都来看望他，并向他忏悔。周洁跪在钟父面前，痛哭着说："钟叔，是我害死了兴明，我不该考验他的感情，更不该脚踏三只船啊！……"任强和卓瑜明则说："我们不该插入兴明和周洁的感情，我们好后悔啊！……"这天下午，3人还陪同钟兴明的家人，将钟兴明的遗体送去火化。次日，他们又陪护钟家人，将骨灰盒送上开往重庆的列车……

这是一起令人扼腕的爱情悲剧。现在不少年轻人对待爱情，一味地追求浪漫和刺激，从而越来越缺乏理智。有的恋人，甚至因为对方诸如"你如果真的爱我，就从桥上跳下去"、"你要是男人，就把刚才踩我脚的那小子砍了"这样的话，就真的纵身跳江、提刀砍人，以此证明自己对爱情的坚贞。本文这个爱情悲剧，显然就属于这种"冲动型悲剧"——4个年轻人都缺乏理智，当爱情遭受挑战时，他们既不懂得爱情也需要必要的理智，又不甘心"放爱情一条生路"，偏偏采取"比耐寒"这种残酷的比拼方式来一决雌雄，最终导致悲剧发生，实在令人痛惜！愿当代年轻人都能吸取这场惨痛悲剧的教训，树立正确而理性的恋爱观。

嫁给敢在台风中骑车的男人

翟福君

　　2008年7月29日，第8号台风"凤凰"登陆浙江省宁波市，造成该市沿海海面出现了9～11级大风，内陆和沿海地区分别出现了6～8级和7～9级大风，同时伴随20～50毫米的强降水。本文的爱情故事，就真实地发生在2008年7月29日"凤凰"台风所经过的宁波市鄞州区境内。

自行车女孩恋爱了

我以为这辈子再不会恋爱了。

我虽然长得不好看也不难看，曾被几个男孩追过，但每次坐车出去玩时，我都会成为大"麻烦"：有一次，和一个追我的男孩坐上公交车还没几分钟，我就吐了一地，周围的人都恶心地扭过头去，约会自然草草结束；还有一次，另一个追我的男孩打的带我去西湖，结果我呼吸不畅，竟昏厥了……因为同样的原因，见我这么"麻烦"，追我的男孩全都知难而退！这一切，全因为我有严重的晕车症——无论是汽车、火车、轮船、飞机，我全都坐不了10分钟！

没想到，同事金鸿明明知道我几次被恋爱对象"退货"的原因，他还是坚持要追我。

今年26岁的我，出生在浙江省杭州市一个工人家庭。2003年7月，我从杭州工业大学毕业后，就到了杭州市永新进出口贸易有限公司工作。金鸿比我大3岁，是浙江省舟山市岱山县人，到这家公司做内销已经6年了。自从开始追我后，他专门买了一辆飞鸽牌自行车，车把上经常绑着一把野菊花或是青草，把自行车衬托得生机盎然；他还在后座上专门固定了一个软垫子，趁星期日载着我去西湖、飞来峰、灵隐寺等风景点"开荤"——我虽然是土生土长的杭州人，可因为有严重晕车的毛病，这些地方我都还没有去过。

这样相处一年后，2008年7月20日，金鸿正式向我求婚。我有些犹豫：恋爱中的男孩大多是三分钟的新鲜，他会一辈子爱着我这个只能坐自行车的"包袱"吗？为了考验他，我故意说："你要真想娶我，就骑自行车把我从杭州带回舟山见你父母！"没想到，金鸿一口答应。

然而，我父母坚决不同意我随金鸿去舟山。从杭州到舟山有200多公里，途中要经过绍兴和宁波两座城市，他们害怕我在路上出什么意外。我说："如果他能骑车带我走那么远的路，就说明他对我是真心的……"父母这才勉强同意了。

台风中的自行车，
承载了太多的爱

7月25日，阳光明媚。金鸿和我向公司请了15天假，他用自行车载着我出发了。我们一路走一路看风景，经过绍兴后，于28日傍晚顺利到达宁波市。金鸿虽然很累，但还是兴奋地说："明天就能到舟山，后天就到家了！"

29日早上8点，我和金鸿上路去舟山时，发现天气变得刮风又下雨。金鸿连忙拿出雨衣让我穿上，还得意地说："幸亏我早有准备。"可骑行两个多小时后，风雨越来越大。金鸿说："糟糕，该不是碰到台风了吧？"我开玩笑说："看来老天都不让你娶我，我们还是回去吧。"金鸿却说："就算是台风，我也要把你带回家！"

可到了上午11点左右，乌云布满天空，狂风大作，刮得路旁的树东倒西歪，铜钱般大小的雨点直砸下来。金鸿一边拼命地顶风冒雨骑车，一边叮嘱我搂腰抱牢他。但很快，风雨就让他招架不住了。我劝他放弃，他倔强地说："如果我不把你带回舟山，就不配娶你！"

金鸿刚说完这句话，一阵狂风就将我们刮得差点儿摔倒。没办法再骑车了，而且，我们正行驶在宁波市鄞州区五乡镇附近的国道上，根本找不到可以躲避风雨的地方。金鸿只好把自行车放倒在地上，坐在自行车旁边紧紧抱着我，说："再坚持一下，风雨小了我们就出发。"一个多小时后，雨虽然停了，可风却刮大了。他猛地站起来，说："我们还是出发吧，过了这段路，到有房子的地方就安全了。"

金鸿载着我继续艰难地骑行，突然，一阵大风刮得我们像飘了起来，我们连人带车猛然摔在了地上。我摔伤了膝盖，疼得叫了起来。金鸿不顾自己也摔伤了胳膊和腿，从地上爬起来，心疼地扶我，自责地说："都怪我没能保护好你！"我咬咬牙忍住疼站起来，故作轻松地说："这点儿小伤算什么！"随后，我坐在车座上紧紧抓住他，他继续拼命顶风往前骑……

下午2点时，狂风迫使我们停下，躲在路边的大树下。可是，那棵大树眼看要被狂风刮得连根拔起，金鸿吓得立刻拉着我跑向旁边的庄稼地。旋即，那棵大树重重地倒在了地上！而且，我俩竟被狂风刮着跑了两三米远才勉强站稳。风在呼啸，雨在怒吼，道路两旁的树断的断，倒的倒，就连对面村庄里的旧房子也被风掀翻了屋顶！看着这世界末日般的景象，我无比恐慌。

看来我们真遇到台风了！想起在电视上曾看到的台风瞬间就刮跑了小汽车的情形，我忍不住哭了起来。金鸿连忙安慰我说，台风在浙江风力不会那么大。接着，他试图带我穿过庄稼地，去村庄里找农家躲避。可顶着逆风和大雨，我们根本无法前行。无奈，他一手拉着我，一手推着自行车，找了一条比较宽的田垅蹲下来——他双手紧紧抱住自行车，让我从背后紧紧抱住他，一起抵挡着强烈的台风……

狂风中，我边流泪边自责："如果我痛快地答应嫁给你，就不会遇险了！"金鸿紧紧拽住自行车说："玉华，这是上天在考验我们的感情，要我用事实告诉你，选择我是正确的！谢谢老天爷啊！"听着他的话，我的眼泪流得更凶了……

可是，大风丝毫没有减弱，大雨又一次席卷而来。我拼命抱住金鸿，可随着强风一阵阵吹过，我渐渐感到四肢麻木起来，意识开始模糊，不禁又抽泣起来："我们不会死在这里吧？"金鸿安慰我说："老天会眷顾我们！我们一定会战胜台风的……"他话音未落，自行车便被猛然吹来的狂风从手里撕扯出去，翻着跟斗甩到了几米远之外，放在旁边的背包也跟着飞了出去，而我们身上的雨衣，也被狂风扯出了几道裂痕……

狂风暴雨中，金鸿拉着心惊胆战的我匍匐到旁边倒下的大树边，叮嘱我抓住树干，然后他去追赶自行车。然而，他刚跑了两步，一阵狂风就将他掀倒在地，连翻了几个跟头。我惊恐地哭喊着："金鸿，你回来！快回来啊！"可是，自行车被风刮得越来越远，金鸿也离我越来越远——风雨挡住了我的视线，我看不见金鸿！顿时，我在风雨中拼命哭喊："金鸿，你不能死，你不能丢下我不管……"可回应我的，只有呼啸的风雨声……

我的爱，
在台风中坚挺

时间一分一秒过去，金鸿还是没有回来。我的哭声越来越小，我的意志快要崩溃了！

　　然而，就在我绝望地准备松开紧抱着树干的双手时，突然听到了远处飘来的声音："玉华——"是金鸿！我忙睁大眼睛寻找，终于看到金鸿拼命推着自行车逆风而来。虽然狂风暴雨一次又一次将他掀翻在地，他却一次又一次顽强地站起来！终于，他来到我面前，紧紧抓住了我的手！看着他身上的伤痕，我又一次痛哭失声。他紧紧搂着我说："背包找不到了，但只要自行车在，我就会把你带到安全的地方！"

　　这样与台风暴雨又搏斗3个多小时后，下午5点多，风雨终于变弱了。这时，又累又饿又伤的金鸿揉了揉酸痛麻木的胳膊，把我扶上自行车，又开始拼命向前骑。可他已经力不从心，自行车的速度非常缓慢。更让我揪心的是，鲜血正沿着他的裤脚往下滴。万一台风再强烈起来了怎么办？我猛地跳下车，说："如果你带着我，可能我们会一起死在这里，你先走吧！"金鸿伤心地说："没有你，我活着还有什么意思？我们都要活着出去！"我的泪水扑簌簌又滚出了眼眶……

　　我们站在风雨飘摇的马路边拥抱了一会儿，就继续赶路了。晚上六点半，我们终于来到了五乡镇明伦村。当走近金圣宾馆时，金鸿再也支持不住了，一下子瘫倒在地！

　　住进金圣宾馆后，通过客房里的电视，我们愕然得知，原来我们真的遭遇了台风——"凤凰"，并与它搏斗了7个多小时！我们奇迹般地战胜了它！

　　在金圣宾馆住了两天，直到7月31日台风停止后，我们才重新踏上去舟山的路。8月1日下午6点，我们终于骑着自行车到达了舟山市岱山县金鸿的家。

　　在金鸿家待了3天，8月5日一早，我们就得启程回杭州了。临行前，我给父母打电话，讲述了我们在路上遇到台风的惊险经过以及金鸿对我的爱……2008年8月9日下午6点45分，当金鸿骑自行车载着我刚刚出现在杭州市萧绍路景江苑小区时，我发现父母和姑姑、舅舅、姨妈等人正站在小区门口迎接。我们刚下了自行车，我的父母就将金鸿拉到一边，从头到脚查看他的伤势，当看到他胳膊和腿上还有大块大块带血迹的伤痕时，他们顿时流下了热泪，说："快，回家去，再上点药！"这时，姑姑、舅舅、姨妈等人呼啦一下全围了上来，簇拥着金鸿回家。一进家门，他们就把西瓜、茶水端到了他面前，全然不"关心"我了。我忍不住大声喊叫："哎哎哎，还有我呢！你们怎么没有一个人来关心关心我呀！"大家都笑了起来，父亲说："经过这一场台风的考验，这个女婿，我认定了！"

　　我歪头去看金鸿，发现他脸上带着笑，激动得不行！我笑着打了他一拳，对亲人们说："我对他的满意度打100分，没想到你们却给他打了120分！"

如果忘记我是"二奶"，
我的爱情该是多么完美

—— 一位爱上有妇之夫的女青年的人生大惑

阿隐

近日，从打工妹起家的29岁富姐方欣，给本刊热线027－87129009打来长途电话，倾诉她陷入情感沼泽的痛苦遭遇：她遇上一个志同道合的男人，两人共同打拼成了亿万富翁；然而，这个男人因家有患间歇性精神病的妻子一直不能离婚。在当了7年事实上的"二奶"之后，为给情人生孩子，她不惜屈辱地找到前男友假结婚，岂料孩子胎死腹中。当她意识到假结婚将带来无穷祸患而准备解除时，偏偏又怀上了情人的孩子，她顿时方寸大乱……

置身在难以自拔的情网中，她向本刊编辑不停地泣诉："我该怎么办？帮帮我啊！"然而，面对方欣的哭求，面对她深陷婚外情的困境，本刊记者也深感棘手。本刊现将方欣的自述故事刊登，并将记者的"一家之言"附后，诚请高明的读者能提出更中肯妥当的解决办法，给予方欣以真正有益的帮助。

与男友分手，

爱上家有"疯妻"的小老板

我生于1975年，初中毕业后到江苏某市一家星级宾馆打工。1995年春天，21岁的我虽然已经升到了大堂副经理，可我一直不喜欢宾馆的氛围。于是，在与一家汽车维修店的临时工曾强谈恋爱后，我便离开宾馆，拿出所有积蓄买了辆"桑塔纳"，在当地跑起了出租车生意。我的人缘很好，以前的朋友都很照顾我的生意，时常帮我招揽客户。

1997年3月的一天，一位朋友介绍我给一个名叫陈仁的小老板跑一趟上海。可到了约定的地点见到陈仁，我大吃一惊：三十四五岁的陈仁竟然穿着一双很少见的解放鞋，裤子皱巴巴，裤脚还破了两个洞，哪像个小老板？一路上，陈仁的话不多，只向我介绍说他开着一家配件厂，暂时还不想买私车，业务忙起来就经常包出租车。他的寒酸虽然令我敬佩，可我还是疑惑：再怎么节俭，出差谈合同也不该穿得这么老土呀？

没想到那以后，陈仁只要到附近的地方跑生意，就叫我的车。我让男友曾强为他跑了一趟，陈仁事后却对我说："小方，以后还是你帮我出车吧。每次有你去，我的生意就特别顺。做生意讲个吉利，对吧？"他是雇主，提了这样的要求，我当然不能不听；何况他正经老实，让我觉得还安全。那以后，我几乎成了陈仁的专职司机，形同于他的"打工妹"。

与陈仁相熟以后，我问起他的家庭情况，他才告诉我："我25岁结婚，儿子已经9岁。老婆先前在工厂当工人，可不知怎么患了精神病，一发作就只得送精神病院。这些年，家不像家，生意没帮手，连儿子都只有送进学校寄宿。唉，命苦哇！"回到城区后，他还顺路带我到他的家前偷偷地看了一次他的妻子。天哪，他的妻子真的疯疯癫癫，眼神是那么吓人！看看总是一身老土穿着的陈仁，心善的我不禁对他产生了深深的怜悯。

那以后，我便开始关心起他的生活。看到他总是没吃早餐就跑长途，我就有意带点吃的在车上。他说牙疼，我次日就为他买了治牙痛的药。看到他平时穿得"破破烂烂"，我就在为他出车常州时买了一套西服和皮鞋送给他，说："陈哥，你平时多给我的车费，我攒下了，给你买了这套衣服。你大小是个老板，不能总穿得那么寒酸吧？"他惊讶地接过衣服，当时眼圈就红了，声音变了调地说："我长这么大，还从来没人对我……这么好！"看他那么拘束，我就逗他："你多大了？有新衣服穿还不高兴？"他慌张地说："高兴，从来没这么高兴！"

从此，我们之间少了拘谨。随着隔三岔五地给他跑车，我和他的默契和互相体贴一天天增加，三天不见就都有些失魂落魄。我发现自己常常忘了男友曾强，而与陈仁一起聊天时却会突然生出莫名的心跳感觉。我暗暗问自己："难道我对这个有妇之夫动心了？"

1997年9月的一天，陈仁又叫我出车到上海去洽谈一笔生意。他觉得合同签下来的希望不大，但到了谈判桌上，我在关键时刻为他多说了两点理由，居然使对方签了字。当晚回程的路上，他兴奋地对我说："你是块做生意的好料子，你别开出租车了，干脆我帮你办厂吧。"我一笑，不置可否。他又说："你真是我的福星呀！我该怎么谢你，你才会接受？"我哈哈一笑："看你说得像是得了我的大恩似的。要是大恩，就不言谢了！"当时，四周漆黑一片，前后没个车影人影。他突然抓住我的手，说："你把车停下，我有话跟你说。"我一停车，他就双手扶上了我的肩，深情地说："方欣，你没有感觉到我们在一起时特别默契吗？我爱你……"我还没反应过来，他的双唇已经吻了上来。我的大脑一片空白，随后却情不自禁地迎合他的热吻，最后把一切都给他了。

事后，我心慌意乱。虽然明白自己喜欢上他了，也觉得他是真心喜欢我，但他毕竟有家有孩子啊！以后，我与他算是什么关系？我该怎么面对男友曾强？我觉得不能再与陈仁在一起了。那以后，我开始有意躲他，他居然疯了似的经常在城区我可能出现的地方守着；"守"到了我的车，他就在车窗前用一种充满醋意又痴情的目光，一言不发地盯着我，看得我心慌心痛，忐忑不安。

1997年10月8日，我叫曾强陪我一起出车上海，没想到陈仁竟然发疯地追到了上海！接了陈仁的电话后，我害怕他和性子刚烈的曾强碰面闹起来，赶紧找了个理由叫曾强先回江苏。与陈仁一见面，他就醋意大发地质问我："你就那么舍不得曾强？他比我对你更痴情吗？你明知我对你感情这么深了，还要这样躲我？"我低头支吾："你有家有口，他是我的男朋友……"他冲动地嚷："我算是什么有家有口？！我那个家你没有看到过吗？"突然，他的声音哽咽了："方欣，我那个家早已名存实亡了。你和他分手，我也离婚，我们一起生活好吗？"我感到自己做了一个很不光彩的角色，他是有妇之夫，何况他的妻子有精神病，我怎能去拆散？我嘟囔着说了这种想法，他竟哭了起来："我做人……太没意思了。如果不能跟你在一起，我还不如死了算了！"见他如此痴情，我只好说："你容我考虑考虑再说不行吗？"

然而，陈仁根本不给我考虑的机会。回到江苏半个月后的一天，陈仁就兴冲冲地把我带到城郊的一座厂房，对我说："这是你的了！我先为你垫资盘了下来。我知道你不会依附于任何人，所以注册你是法人代表，经营上我帮你。"然后，他把我领到附近的一套新商品房，说："这是我们以后的家。你不要犹豫了，抓紧时间把你和那个人的事处理掉，我也离婚，行吗？"他的真诚和狂热的追求让我吃惊、感动！可是，我哪有勇气当面向曾强提出分手？他平时傻乎乎的一点儿也不曾怀疑，我若是贸然提出分手，他怎么受得了？果然，我托一个朋友一说，曾强就大闹起来。事情到了这一步，我只得提心吊胆地亲自去与曾强谈判。我对他说："我真的不爱你，我们不可能在一起了。车子给你，我再另外给你两万元作为补偿。请你原谅我，好吗？"没想到曾强此时已经冷静下来，他哽咽着说："你是吃了秤砣铁了心，我再闹还有什么意思？以后……你要是不顺，随时可以来找我，这点儿义气我还是有的！"我听了，说不出是心伤还是感动，热泪止不住地流淌。

创业激情中，
我常常幸福得忘记了"身份"

从那以后，我与比我大13岁的陈仁开始了同居生活。虽然各自有一家工厂，但因为搞的是相同的配件半成品加工生产，经营几乎是不分彼此，配合得相得益彰。生活上，我对他照顾非常体贴，给他买了一套又一套新衣服，让他出了家门就真像个老板。他对我也特别温存呵护，无论再苦再累都会每天回来与我在一起。

同居一个月后，他怏怏地告诉我："我去谈了两次离婚的事。第一次，她神经不正常，我说什么，她都不明白。第二次再谈，她的神经像是正常一些了，说：'你回不回来都由你，反正我死也不走！'我又不能逼她，要是逼得她又犯了神经，离婚就一点儿戏也没了。怎么办呢？"几个月后的一天，我主动问起他离婚的事，他说："我也想早点儿解决这事啊！可现在工厂正扩大规模，忙得顾不上嘛。忙过了这阵子再说，好吗？反正我不会再要那个家了。现在，我不是天天都和你在一起吗？"

陈仁的话说得也在理，我想婚姻不过是一张纸，只要他真心爱我，我天天都拥有他，有没有那一张形式上的纸又有什么关系？何况在他事业发展的关键时候，我要是总在儿女情长上纠缠不休，他总有一天会反感的，那样，再恩爱的人也会成怨偶了。我不再逼陈仁离婚了，并在事业上潜心地辅佐他。而他，只要出差谈生意、签合同、购设备，不论事情大小，总是乐意带着我去。因为只要与我一起去了，他就格外"斗志昂扬"，事情办得特顺利。我心甘情愿地跟着他奔波各地，到武汉帮他谈机床购置；到北京、上海、西安等地订流水线生产设备……一晃两年多过去，虽然他离婚的事没有动静，可我的那间工厂已经积累了数百万元的资产，而他的工厂更是以超常的速度扩张，不仅实现了全流水线生产，而且组建成了一家现代化公司，资产在短短的两年间就增加到了几千万元！

2000年3月的一天晚上，他动情地对我说："方欣，想当年我是一副什么样子？现在是什么样子？这一切都是你给我带来的！没有你，哪会有我今天的成功？想都没敢想过！"我也不禁心潮起伏，冲动地说："我已经26岁了，我想要一个我们的孩子……"他紧紧地搂住我，使劲地点着头："我老早就想要了，一直没敢跟你说呢。这样，到死，你都会跟我在一起了！"

半个月后，我发现自己真的怀了孕！他喜形于色，对我体贴有加。我并不害酸，他却一声不吭地买回了杨桃、山楂、杧果等带酸的水果；他从不买菜，可从此以后他时常捎回一只老母鸡，吩咐保姆煨汤；他从没挑剔过吃啥，这时却常跟保姆过不去……品味着他"内向"的关爱，我天天都沉浸在将要做母亲的快乐里。

然而乐极生悲啊！妊娠4个月时，孩子不知什么原因胎死腹中！我悲恸欲绝，终日泪流满面。他同样痛苦不堪，但对我更加体贴，经常挤出时间陪我，帮助我渐渐从悲伤中恢复过来……

报应连连，

这似妻似妾的生活该忍到何时

2002年初夏，我再次怀孕。陈仁乐得终日笑哈哈的，并高兴地让我换了辆宝马车。我憧憬着即将过上相夫教子的日子，特地在风景怡人处选购了一套豪华别墅。

可随着孩子在腹中一天天长大，我的忧虑也一天天增加：我和陈仁毕竟没结婚，拿不到准生证，生育就是非法的呀！我一说，陈仁也急了，立马找到律师打算到法院诉讼离婚。律师却告诉他，因为他的妻子患有间歇性精神病，如果他不能证明妻子婚前就已患病，或者妻子在精神正常时不同意，他就不可能被准予离婚。他傻了眼，我也束手无策。但我想：孩子是我俩的爱情结晶，我无论如何都要生下来！

这时，陈仁的企业资产已经过亿，他成了区里的知名企业家和劳模。这时，他虽然特想生下这个孩子，却又深恐造成不利的影响，只希望离婚和生孩子都悄悄地进行。我理解他的苦衷，他的事业正处于积蓄力量的关键时刻，如果这时离婚，资产被妻子分去一半，企业肯定大伤元气，弄不好还可能分崩离析！我不愿看到那种结局啊！夹在这两难的处境中，我是那么的无奈，唯愿能侥幸地悄悄生下孩子。

可是到了2002年7月的一天，他的疯妻在别人的怂恿下，突然把他告到了街道办事处："他哪配当劳模？他包了一个情妇，把人家的肚子弄大了，还打算生下来呢！"街道领导听后，大吃一惊，赶紧找陈仁谈话，陈仁死活不承认。没想到，他的妻子还同时把事情捅到了我所在的街道！街道办听说我已怀孕六七个月了，赶紧发动所有的办事员到处"逮"我，大有不把我这个婚外妊娠的"堡垒"攻下决不罢休的势头。我能怎么办呢？唯有四处躲藏。我从江苏躲到上海、浙江，甚至逃到北京、武汉；即便回到当地，我也是今天躲在这家宾馆，明天藏到另一家酒店，有"家"也不敢归啊！

2002年12月的一天，我再次哭着问陈仁："你到底离不离得了婚呀？"他沮丧地说："我也想啊！可她告了我们就又疯了，进市精神病医院住了两个月，刚刚才出来。她那个样子，离得了吗？唉，离不离，我反正今生今世都只与你在一起！"我能说什么呢？只有继续逃躲。如此躲到2003年1月15日，是我和陈仁搬进新别墅的日子。我想这天是星期六，街道办的人嗅觉大概不会那么灵敏，便与陈仁约好到别墅度一个久违的周末。谁知夜里快9点时，我开车到别墅还没有下车，街道办的人突然包围上来！陈仁在别墅里看见，慌了神，不知如何是好，我赶紧打电话叫他躲起来。车门一开，街道办的人就架起我，"押"进一辆面包车就往医院送，"动员"我引产！

在去医院的路上，我镇定了下来，心想我如果不"交代"出一个陈仁以外的"丈夫"来，孩子就保不住了！可此时有谁能帮助"顶缸"呢？那一刻，我突然想起了前男友曾强分手时说的话。只是，对我这个背弃了他的女人，曾强还会两肋插刀解危吗？可情急之中，我已经别无选择。我打通了曾强的电话，当着街道办领导的面，我突兀地对曾强嚷道："我是方欣！我都快30岁了，好不容易怀了孩子，街道办却不准我生，把我拉到医院，动员我引产！你快来呀！"他感到莫名其妙："什么？你说什么？"我深恐露馅，急得哭出声来："我怀了你的孩子，他们却要动员我引产，你还不明白？我已经被押到市医院了，求求你快来呀！"他终于明白过来，说："我马上就来！"街道办领导十分惊讶："你怀的不是陈仁的孩子？你别耍花招！"

我刚被送进医院一会儿，曾强就赶到了。一进病房，曾强就对街道办的人大发雷霆："你们干什么？我都36岁了，她也30岁了，这么大年龄还不能要孩子？"街道办领导没想到半路上杀出个程咬金，又问不出破绽，只得说："怎么说，你们未婚怀孕都不对！你们明天一早必须去街道办登记结婚，办好准生证！今晚还必须先交上3万元押金，写上保证书！否则……"我绝望地望着曾强，心想难道他真的至今还没结婚？他能"顶缸"已经不易，还能与我去领结婚证？没想到，曾强不仅没结婚，连女友都还没找到。他爽快地说："领就领，我们明天一早就去领！"我大喜过望。当晚，我们在医院写了保证书，交了押金，街道办的人终于将我放了。

出了医院，我泪流满面地对曾强说："你这么仗义地救了我们母子的命，还要受委屈去与我假办结婚证，真不知怎么谢你好！"他说："谢什么？要谢，也该我先谢谢你呀？要不是你送了我那辆出租车，我现在连饭碗都没有呢！我当初不是说过你有什么难处，随时可以找我吗？男人哪能言而无信？"

我已经得知陈仁不敢待在别墅，而回了城郊的那套商品房。当我深夜回到那里，陈仁就焦急地问怎么样了。我告诉他一切后，他长舒一口气，感慨地说："难得曾强敢承这个担子啊！他帮了我们这么大的忙，我们要给他一定的补偿！"

次日一大早，我怀着陈仁的孩子，与曾强去街道办办了结婚证和准生证。当我将5万元感谢费递给他时，他推辞着不收，还对我说："方欣，他既不给你名分，又不能给你一个真正的家，你干吗还要跟他生孩子？他值得你付出这么大的代价？"我一听，就委屈得恸哭起来。曾强赶紧劝慰我："别哭别哭，我不该捅到你的痛处。你以后多多保重！什么时候要离婚，通知我一声就行。"

那以后，我带着对陈仁的一腔痴情和对曾强的感激，等待着孩子的降生。然而，2003年4月26日，孩子竟然因脐带缠颈，已经夭折在腹中！我顿时感觉天像塌了下来，在医院里一次次地哭昏过去。陈仁偷偷地到医院看我，红肿着双眼对我说："这是命中注定在惩罚我呀！等我们真正结婚了，那时再要吧。"

转眼大半年过去，我都没能从夭折孩子的哀伤中解脱出来。我多么渴望能成为陈仁名正言顺的妻子，但陈仁很难与婚后患上间歇性精神病的妻子解除婚姻关系，他离婚的日子遥遥无期。我虽然天天与陈仁生活在一起，却已是前男友曾强名义上的妻子。到了2003年年底，当我准备与曾强解脱假夫妻关系时，意外地，我又怀上了陈仁的孩子！我顿时方寸大乱。想想上次那不堪回首的惊魂的逃躲生活，我真不知到时有没有力量面对！而回想这7年多的"二奶"生活，我常常问自己：如果忘记我是"二奶"，我的爱情该是多么完美！可正因为我是一个"二奶"，当我想用"母亲"或者"妻子"的名分去碰撞现实这堵墙时，我的报应就来了！我的"完美"生活就乱成一锅粥了。现在，我该怎么决断与陈仁的这种关系呢？我还该继续陷在这似妻似妾的沼泽里痛苦一生吗……

妈妈，我们有大房子了

——"快女"冠军江映蓉的真情告白

柳潇

　　2009年9月4日晚，受全国观众瞩目的选秀节目《快乐女声》总决赛在湖南卫视播出。在紧张激烈的角逐后，21岁的成都女孩江映蓉以绝对优势夺得了冠军。在获奖者当众宣读"冠军宣言"的环节中，其他女孩选择了常规稳重的方式，对歌迷和家人再三致谢；而一直有"傻大姐"之称的江映蓉却不假思索地说："得了冠军，我就可以给妈妈买房子了！"

　　她这番大大咧咧的"宣言"立刻在网上引起了轩然大波，有人批她"欲望膨胀"，刚得了冠军就讲求物质享受；有人说她参加比赛不是为了音乐，而是看好签约天娱后的"钱景"……然而人们不知道的是，对于在单亲家庭长大的江映蓉来说，"房子"一直是她和母亲心中挥之不去的痛！近日，本刊特约记者对江映蓉母亲进行了采访，了解到了这段"房子宣言"背后的故事。

爸爸走了，

那间小屋成了妈妈的"伤心屋"

1988年2月1日，四川省成都市某军区家属大院诞生了一个名叫江映蓉的可爱女婴。她的父亲是一位军官，母亲李丽春则是一家国营饮食店的收银员。

小映蓉的出生，曾带给李丽春夫妇莫大的欢乐。女儿不但长得粉嫩可爱，而且天生爱唱爱跳，经常挥动着小手给邻居们表演节目，是大院里有名的"开心果"。

但在映蓉童年的记忆中，"家"里一直是那么小、那么窄。那时全家人住在一间10多平方米的小单间里，既是起居室又是"客厅"，做饭只能在走廊上。如果谁家炒辣椒，整条楼道就会响起一片咳嗽声。母亲李丽春常常叹息："要是哪一天能有自己的一间厨房就好了！"

映蓉两岁时，李丽春准备回单位上班。因为家离单位很远，她只得带着映蓉暂住回娘家。李丽春在娘家排行老九，因此被称作"九妹"。与几个哥嫂和父母一起挤在成都老城区的一个小院子里，拥挤状况可想而知，房间就像只"鸽子笼"。因为怕哥嫂抱怨，每逢映蓉生病哭闹，李丽春都特别紧张。小映蓉似乎也渐渐明白了自己和妈妈"寄人篱下"的窘境，变得格外乖巧。

当映蓉在成都市花圃路小学上学时，父亲转业进了一家房地产公司，并在西安南路分到了一套顶楼小套房。虽然房子依然很小，但毕竟在一环内，尤其令李丽春满意的是，她终于有了一间不到5平方米的厨房！

生活似乎一天天好起来了，但不久后这个小家就掀起了风暴。2000年夏天，李丽春跟丈夫因感情不和离了婚。小映蓉判给了母亲。离婚那天，李丽春抱着女儿流着泪说："你就是妈妈今生的唯一。"从此，映蓉的小名变成了"唯唯"。

祸不单行。离婚后不久，李丽春的工作单位进行改制，她下岗了。虽然出于对母女俩生活的考虑，前夫把这间小房子留给了她们，但邻居们常在背后指指点点，说她都与丈夫离婚了，却还住着他的房子，靠他的钱养活自己和女儿，真没骨气！李丽春知道后很生气，曾想搬出去住，但最终还是忍受着流言蜚语住了下来。她知道：自己赌不起这个气呀！她没有工作，也没有生活来源，离开这间屋子，娘俩真得睡大街！于是，这间留有丈夫气息的小屋，成了李丽春的一间"伤心屋"。

映蓉虽然年幼，但却能体会到妈妈的苦衷，她很想为妈妈创造一点儿快乐，哪怕是暂时的。

一天早上，她对妈妈说："我们学历史讲三国，老师让我们去武侯祠公园参观。"李丽春犹豫了：家里生活费紧巴巴的，哪有钱出去玩呢？但拗不过女儿的软磨硬泡，她最终一咬牙同意了。

那天母女俩在武侯祠度过了愉快的一天，两人一直玩到公园关门才恋恋不舍地走出来。但映蓉却并不回家，她拉着妈妈来到公园附近一家漂亮的宾馆，并拿出了自己心爱的小熊存钱罐，对前台的阿姨说："请帮我们开一间房。"李丽春惊愕地问："唯唯，你在做什么？"映蓉却调皮地笑笑说："妈，今天我们不回家了，就住宾馆！您每年给我的压岁钱，我已经存了300多元呢！"可李丽春一边埋怨女儿乱花钱，一边拉着她往外走……

宾馆没有住成，映蓉很郁闷。回到家后，她给妈妈画了一座漂亮的花园洋楼，有个穿花裙子的女孩和妈妈在阳台上吹笛子，洋楼的每扇窗户里，都伸出一个脑袋望着楼上的女孩……映蓉给李丽春解释：吹笛子的女孩是自己，旁边是妈妈，伸出脑袋的是舅舅和姨妈们……她认真地把画交给妈妈说："妈妈，我以后一定让您走出'伤心屋'，住上漂亮的花园房！"听着女儿稚气的话语，看着她郑重其事的表情，李丽春感动得泪流满面。

青春迷惘！

"问题女孩"忘了关于房子的诺言

2002年年底，李丽春被单位买断了工龄，彻底失去了依靠。随着物价飞涨，生活费越来越不够用。她想出去打工挣钱，可是，将近40岁的她既没有学历和本钱，又没什么社会关系，择业范围实在有限。后来，她在朋友的公司里做过财务，到酒楼打过工，最后都因上班时间过长，收入太低，还照顾不到女儿而放弃了。

"开源"既然不成，她只能在"节流"上打主意。除紧缩不必要的开支外，她还要求女儿字写小一点儿，省着用本子；圆珠笔也只买一支，再买一包替芯换着用。伙食以青菜为主，偶尔给女儿蒸一小碗肉补充营养。

生活水平的大幅下降，让映蓉感到很不习惯。小时候在父亲的荫庇下，她要啥有啥，现在却连用一支圆珠笔都小心翼翼！除此之外，班上同学那种歧视的眼神也让她感到抑郁。她不禁恨起爸爸来，恨他无情无义地丢下自己和妈妈，让自己早早地失去了幸福的家。

渐渐地，本来是班上优秀生的映蓉上课开始开小差，成绩退到了中上水平。到了初三上学期，她的理科成绩下滑得更快。她不时逃课与同学去春熙路逛街，甚至还学着高年级女孩的样子谈起"恋爱"来！

老师担忧地找到李丽春，请她好好做女儿的思想工作，不要把一棵好苗子耽误了。李丽春心急如焚，尽管她努力淡化离婚对女儿的伤害，却只能眼睁睁看着单亲家庭的"通病"出现在女儿身上！

可是，当李丽春与女儿谈心时，女儿竟然不耐烦地说："我恨他！他凭什么生下我又不管我……"李丽春苦口婆心地劝女儿："离婚这件事妈妈也有错。何况你爸现在已成了家，还有了小女儿，也不好过多与我们联系……"还没等她说完，映蓉就起身摔门而去。

从这以后，映蓉的性格变了，在外人面前她显得大大咧咧，咋咋呼呼，泼辣得像个男孩子，谁也不敢欺负她。她甚至还学会了打架，就连班上几个最调皮的男生都怕她。但是她又很脆弱，经常为一点儿小事就莫名其妙地大哭起来，眼泪像断了线的珠子一样往下掉。

不仅如此，她还多次冲到父亲的单位，当着同事的面，抓着父亲又吵又打。女儿的性格变化，令李丽春感到伤心却又无可奈何。

2003年9月，映蓉考入了四川省艺术学校。一天，李丽春带女儿回娘家，面对满满一桌子好菜，映蓉眼睛都直了，把油炸鱼、龙眼肉使劲往嘴里塞，李丽春制止女儿说："唯唯，我们只见过苗条的天鹅，你见过胖天鹅吗？你既然想走艺术这条路，就得小心保持体形！"可映蓉十分生气地说："每天在家里都见不到一点儿油星，好不容易在外面吃点好的你也不让，我真是爹不疼娘不爱！"说完便丢下满桌子人跑出去了。李丽春娘家的姐妹面面相觑，没想到九妹的生活竟然这样困窘！李丽春当场羞得满脸通红……

2004年年初，为了挣钱贴补家用，李丽春和朋友合伙开了一家小茶楼，主营棋牌等业务。但因为付不起临街门面高昂的租金，茶楼只能开在写字楼里。开业几个月了，因为缺少宣传，生意十分惨淡。李丽春很着急，只能挨个给客人打电话，约人家来玩。

一个周六的下午，映蓉学习街舞的磁带忘在家里了，她刚进门，就听见妈妈正拿着电话殷勤地说："……好久没来了，今天过来耍嘛，打打牌放松放松。"短短的10多分钟里，这段话竟被妈妈重复了几十次。可每次放下听筒，她都要轻轻地叹息。打完最后一个电话，妈妈竟无声地抹起了眼泪。那一刻，江映蓉终于明白妈妈赚点钱是多么不容易！站在门口，她心里翻江倒海！她想：别的女人有丈夫关照，而妈妈孤苦伶仃，只能独自承受生活的压力。为了让自己不受委屈，依然漂亮的母亲不知拒绝了多少次相亲！失去了父亲固然是自己的不幸，但是母亲的痛苦难道比自己少吗……

想到这里，映蓉颤声叫了声"妈"！带着泪痕的李丽春回过头来，这才发现女儿已是泪流满面。她把女儿揽进怀里说："唯唯不哭，再大的困难妈妈也能扛过去！"

那天，在妈妈的写字台上，映蓉赫然发现：自己几年前画的那幅画，依然被妈妈压在玻璃板下！可这两年来，自己却只顾用出格的举止发泄对命运的不满，早把对妈妈的承诺丢到脑后了！她自责地指着那幅画说："妈，我再也不惹您生气了，女儿一定说话算数，努力为您挣一套大房子！"李丽春嗔怪地说："傻丫头，妈妈从来没想过住什么大房子，妈有你这句话就足够了！"

一举夺冠，
化蛹成蝶的女孩终于送给妈妈大房子

虽然妈妈对女儿无比宽容，映蓉却一改以往的叛逆，努力用行动实践诺言。她听同学说，艺校有不少学生都在酒吧里唱歌挣钱，虽然一首歌只能挣20元左右，但是只要卖力唱，一个月下来挣两三千元的也有。映蓉动心了，她晚上上完课便跑到学校附近的"热力99"酒吧里唱歌。后来，为了挣更多的钱，她一晚上跑三四家酒吧。

当她把自己挣到的第一个1000元钱交到妈妈手上时，自豪地说："妈妈，这是我挣的钱，等攒够了咱们就去买房子！"李丽春看着女儿瘦削的脸庞和黑眼圈，十分心疼，脸上露出不悦的神色说："你现在还是个学生，妈妈不需要你去跑场子挣什么钱！哪怕一辈子住不上大房子，我也不希望你荒废了学业！"映蓉搂住妈妈的脖子甜蜜地说："妈，您就放心吧，我去酒吧唱既可以免费练歌，还有钱挣，这可是一举两得哦！"

李丽春终于意识到：女儿长大了。既然女儿一定要去酒吧唱，还不如因势利导，给她提供一个更好的平台。于是，她找到了前夫的好友——成都"音乐房子"酒吧的董事长陈迪。"音乐房子"是成都市最著名的音乐主题酒吧，不但走出了张靓颖等明星歌手，还是成都乃至全国音乐人交流聚会的场所。陈迪得知老朋友的女儿想来唱歌，二话不说便答应了。

映蓉在"音乐房子"小试啼声，便一炮而红，很快成了酒吧最受欢迎的歌手之一，演出费也水涨船高。她曾在青羊区看过一个楼盘，当时均价是每平方米3000元，她盘算着：如果2006年年底自己能攒够8万元钱，便足够付一个二居室的首付。可是当她好不容易攒够了8万元钱时，却发现那个楼盘的单价已经涨到了5000元！自己手里那点儿钱，连买个一居都不够了！

十分失望的映蓉把这归结于自己赚钱的速度太慢。为了提高自己的实力，走进更宽广的音乐圈子，她在2007年考到北京现代音乐学院学习欧美流行音乐。在紧张的学习之余，她继续在酒吧唱歌挣钱。与此同时，她还拼命地参加各种比赛，以期获得不菲的奖金。

到2008年春节时，映蓉的"房子基金"账户里已经存下了10多万元钱。在她心中，那座漂亮的大房子似乎在向她遥遥招手！可是这时，成都市的房价飞涨，一环内的房子价格每平方米已直逼9000元！在与房价的"赛跑"中，映蓉再次败下阵来。

2008年5月12日，汶川大地震。李丽春随着慌乱的人群跑到空旷地带。手机信号刚恢复，她就接到了女儿的电话。得知自家那砖混结构的破旧房屋裂了几条一寸多宽的大缝时，映蓉哭着说："妈，都怪我没本事，您要是住在框架结构的房子里就好了！"李丽春再三安慰女儿，映蓉却发狠地说："妈妈，您保重！女儿明年一定让您住上大房子！"

2009年5月8日，映蓉从北京返回成都，在万达广场报名参加了《快乐女声》的海选。她告诉妈妈："要是得了冠军，我就能和大的娱乐公司签约，到时候咱们就可以买房子啦！"

李丽春没想到，女儿数年磨一剑，正是为了此刻的出鞘。她不仅非常顺利地通过海选，还第一个拿到了直接晋级全国总决赛的通行证。随着赛程的推进，越来越多的人喜欢上了这个能歌善舞又充满活力的女孩。她的粉丝团"萤火虫"的声势也越来越大，热情而忠实地为她鼓劲加油。李丽春一场不落地关注着女儿的比赛，每晚都和女儿短信交流，连手机里的彩铃，都换成了女儿演唱的歌曲shy guy。

2009年9月4日，《快乐女声》总决赛的时刻到了！李丽春从前一天晚上就睡不着了，一直大睁着眼睛守在电视机旁。在她紧张又期待的心情中，映蓉几乎毫无悬念地拿到了2009年《快乐女声》冠军的奖杯！那一刻，电视机前的李丽春流下了激动的眼泪。当女儿出人意料地说出"我想我可以给妈妈买大房子了……"时，她忘情地扑到电视机上抚摸着女儿的脸颊，流着泪喃喃地说："唯唯，我的好女儿！"虽然这是女儿对她说过了无数次的话，也是她一直以来的梦想，但是要当着全国观众说出来，需要多么大的勇气！

但是映蓉顾不上听别人的议论，在她心目中，兑现给妈妈的承诺是最重要的事。9月5日，她高兴地给妈妈发短信：有一位歌迷大姐得知她想给妈妈买房子，豪爽地借给她10万元钱。过两天钱到位后，她就委托成都的几位"萤火虫"带妈妈去看房！

9月17日，李丽春在"萤火虫"们的陪伴下，在离她家老房子不远的某著名小区二期看中了一套面积为107平方米，总价85万元的三居室。她向售楼小姐详细询问了房子的功能、朝向和小区将来的物业、绿化等，感到十分满意。签订了首付三成，按揭15年的合同后，她拨通了女儿的电话，激动地说了一句"唯唯，咱们有房子了……"便泣不成声！电话那头的映蓉心疼地说："妈，你哭啥子嘛，这是喜事！"在"萤火虫"们的劝慰下，李丽春终于破涕为笑，她擦干眼泪对女儿说："唯唯，等房子装修好了，我把你喜欢的公仔都放到南边那间阳光房，等你回来的时候住！还有，厨房很大，妈妈很喜欢……"映蓉在电话那头俏皮地说："妈，我等着您在厨房给我做龙眼肉哦！"

我的
侏儒之家有最高大的爱

慕衡

　　这是一个奇特的家庭，母亲和3个子女全是侏儒，只有瘸腿的父亲和19年前收养的养子身高正常。逐渐长大的养子，一心想摆脱这个让他"丢脸"的侏儒家庭。当亲生父母找到他时，养子毫不犹豫地离开，并且决绝地与侏儒家庭断绝了联系。然而，两年后，男孩突然有了音信，却身患绝症，而且被亲生父母再次抛弃！

　　在生命悬崖上，侏儒家庭重新接纳了养子！并辗转多地，靠卖艺来筹款拯救他的生命。这段穿越人间恩怨的亲情传奇，被侏儒一家人演绎得荡气回肠，感人肺腑！他们用矮小的身躯，向我们展示了爱的高度……

苦涩的温馨，

矮人一家养育弃婴

　　今年58岁的王端方是湖南省衡阳县西渡镇人，幼年时因病造成右腿残疾。他人很聪明，吹拉弹唱样样都会。王端方24岁那年，一次镇上开庙会，一个貌似10岁的女孩在台上唱歌，王端方被她的声音迷住了。最后一打听，他才得知女孩其实有23岁了，是个侏儒。王端方吃了一惊，回家后，他怎么也忘不了这个矮女孩。

　　这个女孩叫米灿华，是衡阳县集兵镇人。半年后，身高1.65米的王端方经过一番追求，把身高1.2米的米灿华娶回了家。他们夫唱妇随，日子倒也过得甜蜜。结婚3个月后，米灿华怀孕了，侏儒母亲生孩子将面临巨大的风险，王端方劝米灿华打掉孩子，米灿华却坚决地说："不！就是死，我也要给你留条血脉。"1976年6月，女儿平安降生了，王端方给她取名王灿奇，意思是米灿华创造的奇迹。女儿长到两岁半，身高和正常幼儿没什么区别。王端方夫妇松了口气，医生说，夫妻双方如果有一方身高正常，孩子的身高就可能正常。

　　1978年9月，他们有了儿子王虎。然而，随着年龄的增长，王灿奇长到1.23米、王虎长到1.14米后，就都停止了再长高！夫妇俩傻眼了。他俩痛心之余，对两个孩子悉心养育，王灿奇姐弟的心态都比较健康。

　　1981年，为了养家，王端方在镇上摆了个摊修单车。1985年，米灿华意外怀孕，她执意不肯打掉，她对丈夫说："我就不信老天不开眼，我一定要为你生个正常的孩子！"她躲到姐姐家里生下了女儿王冰菊。因为超生，王端方夫妇被计生委罚了一大笔钱，在当地再也待不下去了。无奈，在王冰菊半岁时，王端方带着妻儿来到衡阳县城，依然靠摆摊修车为生。让人遗憾的是，王冰菊的身高长到1.25米，也没有再长高。夫妇俩只得认命了。好在3个孩子都聪明懂事，王端方教会了他们吹拉弹唱，贫寒的家里总是充满了欢声笑语。

1989年11月16日傍晚，天上飘着细雨。在蒸水河桥头修车的王端方正准备收摊，一个顾客告诉他，桥洞里有个被人遗弃的婴儿，快不行了。王端方急忙跑到桥洞处，几个人正围着婴儿在议论。王端方忙将婴儿抱起，这是个男婴，只见他脸色发紫，口吐白沫。"作孽呀！这么好的孩子也扔掉！"王端方把孩子抱回了家。

王端方夫妇把孩子养了一个月，也没见孩子的亲人找来，于是决定收养孩子，米灿华说："说不定可以靠他养老呢！"他们给孩子取名王永贵。侏儒三姐弟轮流照看王永贵，一家人日子清苦却充满温馨。

收养王永贵后，家里虽然只添了一张嘴，但负担却重了许多。王端方早出晚归，总是最早开摊、最晚收摊的人。同行戏谑王端方说："老王，你一屋的矮人再添上个弃儿要养，简直比做牛做马还累呀！"

孩子们慢慢长大，转眼到了入学的年龄。王灿奇念完小学五年级后，说什么也不愿继续念书，王端方只得让女儿辍学了。王虎心理抗压能力很强，一直读完初中。王冰菊也很聪慧，她的歌喉很动听，和同学也处得不错。为了孩子，王端方拼命地赚钱，随着年纪渐大，他的残腿每到阴雨天就会疼得无法行走，有时出摊前，他就用布条把晒干的姜末和辣椒粉绑在关节处暖腿，风雨无阻地出摊。多年来，他就这样靠着修车养活了一家人。

伤心爹娘：
辛苦带大的养子要"叛逃"

幼年的王永贵在这个特殊的家庭里没有感觉多少异样，和家人处得很亲密，完全融入了这个家庭。1994年3月，王端方夫妇为了王永贵更好地成长，把他送进了幼儿园。在王家，王永贵是唯一上过幼儿园的孩子。

随着年龄增长，王永贵的身高远远超出了妈妈和哥哥姐姐。王端方为老婆和矮个孩子做的小桌子小板凳，王永贵坐不习惯了，他让父亲把姐姐王灿奇用的桌椅接了腿加高，对弟弟很是宠爱的王灿奇毫无怨言。在家里，只有王永贵经常穿新衣服，他实在穿不了的，才由米灿华改小后给哥哥姐姐穿。这种"优待"，使王永贵滋生了优越感，他觉得在这个家里，他是最重要的人。

进入小学三年级后，王永贵的个头比妈妈和哥哥姐姐高了一个头。他的自尊心也随着身高增长。怕同学知道他有个奇怪的家庭，他从来不让同学去家里玩，性格也变得有些孤僻。小学五年级时，有一天，邻居拿着照相机要给王端方一家照全家福，没想到，王永贵猛地跑开了，说什么也不愿合影！邻居见了，生气地冲他吼道："你怎么能嫌弃你的家人呢？你可是他们带大的！"王永贵却委屈地哭起来。

虽然3个哥哥姐姐对弟弟的举动有些不快，但都没责怪过王永贵。2002年，24岁的王虎被衡阳市郊区的一个"草台班子"看中，这个班子靠给当地群众办红白喜事时表演赚钱，后来王灿奇也被"收编"了。

2003年9月，王永贵升入初中，身高长到了1.65米。与家人强烈的反差，使他感到别扭。他隐隐约约听说他是抱养的，便经常问母亲："妈，我到底是不是你们亲生的？"米灿华只能否认。从王永贵小时起，就经常有人找到王端方，提出要收养王永贵。王永贵得知后，竟缠着父亲打听想收养他的是什么人，他的态度让王端方夫妇惶惑不安。

2006年8月16日中午，一对中年夫妇来到王家，男人说："我叫叶建卿，王永贵是我们17年前丢的孩子！"叶建卿告诉他，1989年9月，妻子李月生下了这个孩子，当时家里遭遇一场变故，他又得了一场重病，贫病交加，无奈只好把孩子丢弃在桥洞。他们找了多年，终于打听到王端方家的王永贵，相貌和年龄都对得上。王端方蒙了，他大声说道："谁也不能带走我的儿子！"一旁的女人泪流满面地说："我们去学校偷偷看过王永贵，他长得太像我丈夫了，一定是我们的儿子，我们会给你们补偿的！"米灿华倔强地仰着头说："多少钱都不能带走我的儿子！"叶建卿夫妇只得讪讪离去。此后两天，叶建卿夫妇竟偷偷去学校找王永贵，让他们惊喜的是，王永贵先是问这问那，最后竟同意认亲！3天后的中午，叶建卿夫妇再次来到了王家，告诉王端方夫妇，他们到学校找过王永贵，王永贵同意认亲。王端方和米灿华都惊呆了。

王永贵放学回到家时，家里充满了尴尬的气氛。米灿华用颤抖的声音问王永贵："他们找你了？你愿意去吗？"王永贵头也没抬地说："当然愿意！他们毕竟是我的亲生父母。"王端方夫妇的心顿时如置冰窖。

2006年8月29日，王端方把儿女都喊回了家，讲了这件事。突然听到王永贵的亲生父母找上门，矮人兄妹都慌了，他们问："弟弟，你不会离开我们吧？"王永贵捏着衣角低头不语。王端方说："永贵，你表个态吧。"王永贵吞吞吐吐地说："他们找了我这么多年，肯定也很痛苦，我想过去……"听他这么一说，一家人顿时陷入沉默。当晚，一家6口谁也没有睡着。

2006年9月3日，叶建卿夫妇兴奋地驾车来接王永贵。王端方夫妇给王永贵收拾东西，3个哥哥姐姐拉着王永贵的手，泪水在眼眶里打转。当车子徐徐开走时，王端方一家人都哭出声来。叶建卿回家后才发现，他交给王端方的5万元钱，又被王端方塞到王永贵的书包里带回来了。后来，叶建卿把钱再次送过去时，王端方勉强收了1万元，作为治疗伤腿的医药费。

叶家住在衡阳市首峰小区，夫妇俩经营着一家建材店。王永贵过去后，改名叫叶永贵。

王永贵离开后，王端方夫妇失魂落魄了很长一段时间，米灿华常常想念得落泪。为跟养子联系，他们特意装了一部电话。最初的一年里，王永贵来看过养父母几次，打过很多次电话。然而，随着时间的推移，王永贵的电话越来越少。有时米灿华主动拨过去，王永贵也总是推说学习忙，随便应付几句。王端方夫妇伤心之余，觉得养子过得好是他的福气，就没再去"打扰"他。3个矮人哥姐更难得见到弟弟。有一次，他们结伴去探望弟弟，可叶建卿夫妇异样的目光让他们感到如芒在背，就再也没去了。他们知道，弟弟和他们成了两个世界的人。再后来，叶建卿家的电话换了号，王家再也无法联系到王永贵。

情动三湘，
矮人之家爱最高大

2008年3月21日，一个陌生的电话打破了王家的宁静，"王永贵得了白血病，住在衡阳市一医院……"王端方夫妇非常震惊，3个矮人兄妹闻讯赶回了家。一家人数落了一通王永贵的自私和无情后，又不约而同地商量起如何去探望他。

最后，王端方决定先独自去医院看看情况。在重症病房，他见到了右手打着绷带的王永贵。王永贵没有想到养父会来，他结结巴巴地问："您，您怎么来了？"王端方关切地问："你病情怎么样？怎么没人陪你？"听了这话，王永贵突然委屈地哭了起来。

原来，早在2008年1月底，王永贵就被查出患了急性髓性白血病（AML），治疗已经花掉了10多万元，先是在长沙湘雅医院治疗，后来没钱了只好转到收费较低的衡阳市一医院。谁知到衡阳后，他的亲生父母却突然失踪了！家里房门紧闭，父母手机关机，失去了所有联系。王永贵意识到亲生父母再次抛弃了他！一时想不开，竟从3楼跳下去，幸亏被遮阳板挡了一下，只摔断了右手和右腿。如今，他靠学校老师同学的捐款勉强维持着治疗，现在又面临着停药——天下竟有如此狠心的父母！气愤的王端方拖着瘸腿找了两天，仍然没有找到叶建卿夫妇。

当晚，王端方一家人拿出存折一凑，只有两万多元。王端方郑重地说："孩子们，钱没了可以再赚，命没了就再也回不来了。虽然永贵抛弃过我们，但我们看着他长大，他永远是咱们家的一员，咱们不能见死不救！"米灿华哭着说："不管他怎么样，都是我的儿子，快去救他吧！"3月25日，王端方一家人来到医院，面对病友好奇的目光，这一次，王永贵没有畏缩，他用左手依次拥抱着养母和哥哥姐姐失声痛哭。王灿奇和王虎拍着弟弟说："弟弟，有我们在，你会没事的！"王冰菊还把自己的手机给了王永贵，好保持联系。

了解到王永贵的病只能通过移植骨髓才能治愈，而手术费需30万之巨，王端方一家人都惊呆了。最矮小的王虎突然跳到大家面前说："怕什么？我们都会表演，不如组个家庭表演团去赚钱！"当天，王虎和姐姐就去"草台班子"借来了一套音响设备。得知养父一家要去卖艺救自己，王永贵猛地从床上爬起来，竟摔倒在地，他强撑着跪在养父养母面前，哭道："爸！妈！我对不起你们，你们对我这么好，我却伤害了你们！"王端方扶起养子说："我们是一家人，不要说见外的话！"

2008年3月27日，衡阳市莲湖广场出现了一支奇特的"矮人表演团"，一个瘸腿的老头儿弹着电子琴，4个年龄不一的小矮人载歌载舞，吸引了大量市民围观。不到两小时，他们就赚了100多元。然而，广场管理员很快就把他们赶走了。从4月6日到10日，他们辗转市里几个地方，都遭到了城管驱赶。那天，无处可去的一家人忧心忡忡地坐在一个偏僻街角，王端方叹着气，米灿华抹着泪，三兄妹你望望我，我望望你，好不凄凉。最后，他们决定到郊区和偏远地区表演挣钱。

启程前，他们去探望王永贵，得知养父一家为救自己要到外地奔波，王永贵心灵受到强烈的震撼，他大哭起来，拔掉针头说："爸妈，我不治了。你们行动不方便，犯不着受那么大的苦！"王端方连忙喊来护士给王永贵重新扎上针。他说："傻孩

子，现在不是任性的时候！你的命不仅是你自己的，也是我们一家人的！你的哥哥姐姐这么矮都活得有模有样，你怎么能说放弃呢！"养母和哥姐都拉着王永贵的手，哭着说服他。病房里的病友不禁都被这一幕感动得哭了。

随后，一家人赶到衡阳县、衡东县表演筹款。为了节省车费，他们总是两个人坐一个座位，不顾腿脚酸麻，吃尽了苦头。大部分夜晚，疲惫的他们都是随便找个地方打地铺睡觉。4月14日，他们在衡南县又遭到了城管制止，在车站等车时，为了不空手而归，王虎捡起了废瓶子，没想到却被一个高大的拾荒者踢倒在地，"小矮子，敢抢我的地盘，翻几个跟头就放了你。"为了脱身，王虎只好翻起了跟头，围观者哈哈大笑……

尽管受尽屈辱，但让他们高兴的是，半个月的时间里，他们筹集到了近3000元！此后，他们又去了常德、益阳等地表演，最远的去了湘西。

就在王端方一家人四处奔波时，王永贵打电话告诉他们，叶建卿夫妇给了他2万元钱。他也知道了叶建卿夫妇再次抛弃"亲生儿子"的原因。原来，早在2007年3月的一次验血中，叶建卿发现长相酷似他的王永贵竟不是亲生儿子！这个结果让他们非常失望。但他们对王永贵已有了感情，就一直没有揭穿。直到王永贵患了白血病，用去了他们10多万元，他们这才犹豫了，最终选择了逃避！然而，4月3日下午，叶建卿夫妇偶然在衡阳广场看到王家为了救养子竟在卖艺筹款，4个小矮人的表演逗得观众大笑，却深深刺痛了他们的心。特别是矮人一家被城管驱赶时惊惶无助的窘状，让李月看得眼泪直流，她对丈夫说："这一家人太善良，也太不容易了！"于是夫妇俩又筹集了2万元送到了医院。

2008年的5月1日，叶建卿在医院见到了来送款的王端方，两个男人的手握到了一起。叶建卿激动地说："老王，你们一家人真是太伟大了，今后，永贵就是我们共同的儿子，我们一起来救他！"王端方却说："永贵只给你们做了两年儿子，却在我家生活了17年，他应该由我们家来救！"近日，笔者采访了王端方夫妇，他们会在近期将王永贵转到长沙治疗。

峰回路转的结局真让人感叹不已！大爱流转，美好的人性光芒从王端方一家残疾矮小的身上散发出来，如同阳光，将我们的心境抚慰得如此纯净温暖。让我们为他们的善良祈祷，为他们的未来祝福！

我有一个"破烂王"爸爸

澜涛

在哈尔滨有这样一位父亲：10年前，为了让女儿有个好的学习环境，他毅然辞去在农场所做的管理工作，携家带口来到省城，以垃圾山为生活基地，以捡破烂为谋生手段，在繁华都市的边缘顽强地生活下来。10年后的今天，这个"破烂之家"的女儿终于如愿考取了哈尔滨理工大学……

父亲，是每个人生命中无法选择的，但没人希望自己的父亲是个收破烂的！而本文的主人公——哈尔滨理工大学电子信息工程专业的大一女生华山，在沐浴了特殊时期的父爱后，如今却骄傲地认为："父爱是我永远的大学"。以下是她对父亲的深情讲述……

儿时的自卑：

父亲是个"破烂王"

我于1983年11月22日出生在黑龙江省保清县597农场。童年时的我，曾有着一个让小朋友羡慕的家庭：父亲是农场的政工干事，母亲在场部中学当老师，我则是他们的掌上明珠。

令人怎么也没想到的是，1992年的暑假，父亲突然决定辞去工作，带着我和妈妈来到了哈尔滨。从那时起，我们这个幸福的三口之家开始发生了翻天覆地的变化：因为没有钱，我们只能在动力区的垃圾山附近租了一间十几平方米的平房居住；因为户口的原因，父亲找不到合适的工作，只能靠收废品来维持一家三口的生活。

我上学的第一天，是母亲送我去的。那是一段需要步行2公里，然后再乘坐8站公交的路。在去学校的路上，母亲叮嘱我记住路，因为她和父亲都将要为生计去奔波忙碌，不可能再有时间来接送我。

我开始一个人上学、回家。每天，往返在家和学校之间的漫长路程令我最为孤单和落寞。大概是在我上学后的第9天，放学时天气突变，匆忙中我挤上了一辆2线公共汽车，等我数到第8站下车后，才发现眼前是一个陌生的环境，原来我搭错车了。那情形对一个在农村长大的8岁小孩来说，是那样的恐惧和无助。

老天爷此时下起了瓢泼大雨，我显得不知所措。有位好心的阿姨告诉我赶快搭回头车。可是，我口袋里已经没有一分钱了。每天出门的时候，父亲只给我上学和回家的车钱，多一分都不给。幸运的是，售票员听了我的解释没有让我买票。但因为时间太晚了，2线车在距离我家还有两站地的地方就不再往前开了。

下了车后，已经是夜里9点了。那个夜晚是那样的漆黑、幽冷，我一个人走着，泪水在眼眶里打着转，恐惧在心里膨胀，我一遍遍地在心里喊叫着："爸爸，妈妈……"走了一半路的时候，我终于看到了寻找我的爸爸妈妈，当即忍不住哭喊着扑了过去。

那天晚上我哭了很久。我哽咽着问父亲，为什么我们家不能像其他同学一样住在学校附近？为什么他和妈妈不能像其他同学的家长一样接送我上学？为什么我们一定要离开农场？父亲爱抚地摸着我的头说："你还小，有些事过几年再对你讲。"

我喜欢城里的学校，但不喜欢这里的同学，他们总是用高高在上、鄙夷的眼神看我，甚至给我起外号，叫我"老太太"。我知道，他们这么叫我，是因为我的穿着总是破破烂烂。大多数时候，我都选择了沉默，将所有的悲愤都发泄到读书中，用优异的成绩回击那些轻蔑。

我清晰地记得，有次学校检查卫生，我回到家认真地洗了头，洗了身上那又土又旧的衣裤。第二天，班主任对几个卫生十分差的同学说道："你们看一看，连华山都做到了，你们却做不到，真让人伤心啊！"老师是不是真的伤心了，我不知道，但那个上午却成为我生命中永远的痛，老师的话如同一根针，深深刺进了我的心中。

现实让我变得越来越孤僻，越来越自卑。但父亲和母亲管不了这些，为了生存，他们只知道忙碌着收废品，爆玉米花。在我幼小的心灵里，父母对废品和爆米花要看得比我重要得多。

有天晚上，我被父母的对话惊醒，只听父亲对母亲说，他白天收废品上一个陡坡的时候，一辆满载铁皮的卡车刚刚超过他不远，车上的铁皮就滑落下来，差一点儿砸到他。这事让他惊出了一身冷汗。父亲接下来又说，如果自己真的被砸死了也好，那样总要获赔几千元钱的……听到这儿，我的眼泪潮水般地涌了出来！

在同学们的鄙夷中，我孤单地躲在书本和学习中。可是，每当看到其他同学欢快地跳皮筋的时候，我多想也能够试一试啊！但是，没人肯和我一起玩。我告诉自己不要去想那些，努力用微笑来舒展紧皱的眉端。然而在夜深人静时，我是怎样孤单落寞的一个小女孩啊！

就这样，我升到了五年级。当那年我代表学校参加全国奥林匹克数学竞赛获得三等奖的时候，整个学校都轰动了。校长和主任亲自到班上来看我，同学们也开始有意主动亲近我，可我却已经习惯了一个人躲在书本里……

1996年9月，我以优异的成绩升入了哈尔滨市第47中学。但是，直到这时我却连皮筋都不会跳，这成为我童年里耿耿于怀的疼痛。

感谢父亲，

他给了我太多的爱

　　进入中学后，父亲终于对我讲述了他当初选择离开农场的原因：原来，在我6岁时，按照有关政策，属于下乡知青的父母将我的户口落到了哈尔滨的大伯家，希望我将来能有个好的发展。我8岁时，就要升入三年级了，父亲为了让我有个更好的学习环境，便下决心辞去工作举家迁往哈尔滨。"这一切都是为了你能接受良好的教育呀！"说完这句话，父亲的眼里露出了无限的关爱。

　　据母亲说，在父亲决定搬家之前，农场里的父老乡亲都曾劝说过他，说哈尔滨是一个处处都要用钱的地方，到时候免不了要受苦的。但父亲当时字句铿锵地回答乡亲们说："哈尔滨我一定要去，为了我的女儿将来能够考上大学，哪怕是捡破烂我也认了……"

　　在我居住的出租屋附近，聚集着很多以收购废品为生的人家。每天晚上，这些人从四面八方回到家，总会互相打听这一天都赚了多少钱。这中间的很多人都会骄傲地说自己又赚了30元、50元。但父亲比这些人出去得要早，回来得要晚，赚的钱却从来没有超过20元。

　　我就常常对父亲说："你太笨！连短斤少两都不会！"父亲常常回答我："爸爸是不会短斤少两，但爸爸心里踏实。该赚的钱赚，不该赚的钱一分也不能要。"

　　升入初中后，我的性格依然孤僻，但内心里却是渴望和同学们一起欢娱的。那天，父亲破天荒地找了我的班主任王维英老师。我不知道他和王老师说了些什么，在随后不久的一次班级联欢会上，王老师表演起扑克魔术，同学们纷纷上台去猜测哪一张是需要找出来的纸牌，但却没有一名同学猜对。这时候，王老师让躲在角落里的我上台去猜。到台上，王老师悄悄地暗示我哪一张牌是要找的，结果我总是猜对。

　　于是，王老师开始对同学们称赞我聪明。再往后，又不断地鼓励我参加各种活动、负责班级事务……同学们也终于慢慢地接纳我了。每当再有同学将自己的衣裤送给我的时候，我不再把它当成是施舍了，我知道那是爱。

就在我因为学校的环境改变而心情舒畅的时候，家里又发生了令我难受的事：那天放学时，我远远地看到一群人围在一起。走近一看，只见父亲被母亲搀扶着，父亲的嘴角上都是血。原来，这天父亲收到了两个年轻人卖的220元钱的废铜线，因为当时没有那么多的钱，母亲就赶回家借钱。母亲回来后，将钱付给了那两个青年，然后与父亲推着车往回收站去。到了回收站才发现，袋子里的铜线都变成了砖块。父亲和母亲赶紧往回跑，想找那两个卖铜线的人算账，谁知那两个人竟将他打了一顿后跑掉了。

那天，在我帮父亲推车往回走的路上，有两个小混混见了我叫道："看这个小妞这么漂亮，收破烂真可惜了！"我的脸一下燥热起来，于是愤怒地盯着对方。这时，父亲的声音响了起来："收破烂怎么了？我们是靠自己的双手赚钱，总比你们这些不务正业的混混强！"那两个混混走开后，眼泪顺着我的脸颊流淌下来。父亲走过来，摸了摸我的头说："好了，都这么大了，还哭啊！"可我却哭得更厉害了……

那天晚上父亲和母亲商量着："这破烂越来越难收了，再这样下去生活都维持不了，咱们卖菜去吧！"我太了解父亲了，他毅然舍弃干了3年多的收购废品这一行，一定与白天我受委屈的事有关！我躲在被窝里，眼泪又一次掉了下来。

父亲不会短斤少两，但卖菜的生意却做得不错。那个冬天，是全家人最快乐的冬天，父亲4个月卖菜赚了4000元钱。可是，第二年开春，刚刚为了卖菜而新租的房子却因为拆迁而不得不搬离。

搬家，对我早已不再是一个陌生的词了。搬到新出租屋后的一天，父亲骑车带着我，将哈尔滨市内的各大专院校看了一遍。每到一个校园，他就会对我介绍那所学校的情况。当离开最后一所大学时，父亲满怀期望地望着我说："华山，爸爸最大的愿望，就是能够在将来的某一天，能在我们今天逛过的地方看到你……"我的胸口顿时沉甸甸的，那是父亲的期望，是父亲的挚爱。

父爱如山，
那是我永远的大学

2000年冬季的一天，因为母亲要到早市上去甩卖前一天没有卖完的鱼，我便陪着父亲去进货。凌晨3点多是一天中最冷的时刻。到了批发市场，父亲将身上的大衣披到我身上，就进去看货了。我蜷缩在三轮车上看车，很快就被冻得牙齿打起战来。我企图分散自己的注意力，便开始数天上的星星。但寒冷仍然不可遏止地穿透了我。没有办法，我只好下车不停地跳动。等父亲把鱼拿到手后，我几乎被冻僵了。

为了攒够我读大学的费用，父亲将鱼拿回来交给市场上的母亲后，自己又出门摆摊修鞋。那天放学后，我悄悄来到父亲的修鞋摊前，只见他正在为一个年轻的女孩子缝背包。那女孩子的背包坏了三处。缝好后父亲告诉她，缝一处5角钱，一共是1元5角钱。但那女孩却只肯给父亲2角钱。父亲说了一些修鞋很不容易的话。女孩似乎被激怒了，挖苦父亲道："我看你也就值2角钱，就给你这些，爱要不要！"

女孩子走后，父亲看到了我，笑了笑问我怎么来了。我没有吱声，眼角有些酸涩。父亲就说："今天早点儿收摊，和我女儿一起回家！"父亲收拾了修鞋摊，拉着我回家。坐在车上，看着父亲蹬着三轮车的背影，显得那样苍老。

去年夏天，父亲有一次从水果批发市场上批了一箱香瓜往家走，一个曾经卖过废报纸的男人拿着一纸箱鞋问父亲收不收。父亲看了看，见纸箱里的鞋都是新鞋，就说不要。那个人听了爽快地说："给你了，不要钱了。"说着就把纸箱扔在了父亲的三轮车上。

等回到家后，父亲将纸箱里的鞋拿出来一看，才发现那些鞋什么颜色的都有，就是找不到一双同颜色的。父亲猜想，那个男人一定是一个卖鞋的，这些鞋也一定是做样品的。父亲如获至宝地摆弄着那13只鞋。竟然让父亲配出5双大小相近的。父亲穿上了一双配好了的鞋，看着一只脚黑，一只脚白，禁不住快活地笑了。

我突然想到报纸上曾经做过这样的介绍：在上海，有些前卫的年轻人有意买两双式样相同，颜色不同的鞋子错开来穿……于是就调侃父亲说："爸爸，你很新潮呀，出去走一圈，或许还能引领哈尔滨的新潮流呢！"搬到哈尔滨已经好多年了，不要说给自己买衣服，就是家中的物件也大多是父亲收废品时捡来的。父亲盘算着每一分钱，因为，他要供养我上学，还准备供我上大学。

2001年的冬季是我们家发达的季节，在那4个月的时间里，父母赚进了5000元钱。这实在称得上一个天文数字，父亲的脸上竟有了难得一见的光辉。他用这5000元钱买下了学校附近的一处10多平方米的平房。平房是一户居住在楼层里的人家私自盖的，低矮而阴暗，但毕竟是我们自己的家呀，我们再也不用四处搬家了。

我们全家期盼的2002年终于姗姗而来，这一年我就要参加高考了。几次模拟考试，我的成绩都很不错。但父亲的牙疼却越来越严重了。因为牙疼，父亲常常会在半夜爬起来到室外去走。实在受不住了，父亲就去买几片土霉素碾碎后敷到疼牙上。我不知道这样是不是真的能够缓解父亲的痛苦，但我能够想象出那种药面慢慢被融化后的苦涩。

5月的时候，父亲的牙疼让他不得不去看医生了。医生说，4颗门牙都已露出神经，必须拔掉重新镶牙；两侧的3颗磨牙也都已经破碎，同样需要拔掉重镶。父亲盘算了好久，最后花100元钱把4颗疼痛的门牙拔掉，将另3颗还没有活动的磨牙的神经杀死。他说什么都不肯重新镶牙，因为镶牙需要另交200元钱。

过度的劳作使父亲的身体变得像一架零件破旧的老机器。牙疼刚刚控制住，他的腰又开始疼起来了，有时因为腰疼而蹲下就站不起来。父亲去按摩，按摩师说父亲是腰椎间盘突出，还有些轻微的腰肌劳损，不过，只要能够连续按摩半个月就能好。那天回来，父亲就再没有去按摩师那里，因为他舍不得15元的按摩费。

父亲不动声色地节省着每一分钱，他对我考取大学信心十足，他要为我积攒读大学的费用。

2002年8月14日，哈尔滨理工大学电子信息工程专业的录取通知书终于来了。我将这早已在意料之中的通知书递给父亲，我想他一定会激动得喜形于色、语无伦次……但是没有，父亲静静地看着录取通知书，一言不发地就那么看着，好久好久，突然，父亲的双手开始颤抖起来，长出了一口气说道："十几年了，终于盼到了，盼到了……"母亲扑到父亲的怀里哭了起来。我的心也绞疼起来。我的大学，是父亲多少年的期盼啊！

在艰辛的生活中，在凄冷的岁月中，父亲忍受着怎样的艰难，承受着怎样的压力？他的盼望却是这样的简单……我的大学！是引导父亲全力与生命和环境抗争的星星月亮啊！

父亲拿出50元钱让我去买衣服，见我不肯，父亲的眼圈竟然红了起来："华山，这么多年了，爸爸从来就没有给你买过什么，连衣服都是穿别人送的，爸爸心里愧啊！考上大学了，怎么也要换身新衣服去报到啊！"

"爸爸……"我想对他说点什么，却被满腔的酸涩将胸口堵住，一句话也说不出来。爸爸的确没有给我买过多少东西，但他用他的善良、正直、勤劳和坚韧在我成长的岁月中，旗帜一样地引导着我。

2002年9月16日，我终于身穿新衣来到哈尔滨理工大学报到了。透过校园那五彩缤纷的迎新标语，我仿佛看到了父亲正在收购废品的身影。"收——破——烂——喽！"那一声声吆喝隔着遥远的时空又在我耳边响起，凄凉悲怆，又亲切温暖……

"天使"儿子，
你知道"妈妈"两个字有多沧桑

陈清贫

　　你相信世间有这样一个人吗？他天真、单纯，质朴的心灵不含一丝杂质，纯净得就像一泓清泉；他快乐、感恩，完全与世无争，拥有着这世上罕见的、绝对的真诚和绝对的善良。

　　也许你会说："金无足赤，人无完人。现实生活中怎么可能有这样一个一尘不染、像从童话世界中走出来的人呢？"然而我要告诉你，这世间真有这样一个天使，他纯洁得让人落泪，纯洁得使人心痛！他的成长经历非常艰难，充满了常人难以想象的不幸与灾难，而把他打造成一个"天使"的，是背后那个伟大得让人落泪的母亲……

为救儿子，

她向医生跪行了500米

对43岁的徐琴而言，这一生最难忘的日子，莫过于1991年4月23日。那一天清晨，家住杭州市的她给家人做好早餐后，还和两岁的儿子高弘毅嬉闹了一番，才心满意足地去杭州市汽车发动机厂上班。

徐琴走后，丈夫高伟也上班去了，家里只剩下弘毅的奶奶一个人照料孩子。中午12点，高伟回家吃饭，一进门就听见儿子在大哭，孩子的奶奶怎么也哄不住。

奶奶说，孩子一不小心从床上跌下来了。高伟连忙把儿子抱起来，上上下下、前前后后检查。看到儿子浑身上下没有一点儿伤痕，高伟连声问道："弘毅，你没事吧，你没事吧，哪里摔着了？痛不痛啊？" 小弘毅挥着小手，口里牙牙作语，最后摇了摇头。高伟还是放心不下，下午就没去上班，一心一意在家陪儿子。

大约过了两小时，在客厅玩得正欢的小弘毅突然如遭雷击一般，瞬间静止了下来，他小嘴张着，却一言不发；小手举着，却一动不动，那种强烈的反差让一直陪着他的高伟惊得目瞪口呆。霎时，没等他从极度惊骇中反应过来，小弘毅突然两眼一翻，然后直通通地倒了下去。

高伟连忙和奶奶一起把小弘毅送到了杭州市第三人民医院抢救。结果，由院长亲自挂帅的抢救小组，在经过半个多小时的抢救后，宣布放弃!

奶奶大哭着恳求院长："他才两岁呀，您一定要救救他，一定要救救他！"院长叹了一口气，扶着要下跪的奶奶说："你们赶紧把孩子送到浙二（浙江省第二人民医院）去吧，那里是本市脑科最有名的医院。"

高伟一边紧急办理转院手续，一边给正上着班的徐琴打了电话。等徐琴赶到浙二医院时，抢救手术已进入关键时刻，病危通知单平均一小时下一张出来。在经过长达4小时的抢救后，医生摇着头从急救室出来，通知家属进病房见孩子最后一面。

孩子到底怎么了？！徐琴的心缩成一团，她强打着精神不让自己晕倒，进了急救室，只见儿子两眼圆睁，一动不动，旁边的医生正在收拾器具，已经放弃抢救了。

见此情景，徐琴顾不上悲痛，扑通一声跪在了主治医生面前，苦苦哀求。医生走到哪里，她跪拦到哪里，亦步亦趋，寸步不离，一直跪行了500米，裤子被磨破了，露出红红的血肉。主治医生被她缠得没有办法，长长地叹了一口气，把徐琴扶起来，真诚地说："伤太重了，脑损伤已经完全无法恢复，即便救醒也等同于一个废人，放弃算了，你还可以再生一个。"

徐琴重重地磕了3个响头，哭着哀求："求求您，您一定要救救我的孩子，求求您了，哪怕救醒后成了植物人，我也认了！……"

医生犹豫良久，让她签了一个保证书后，给她开了一个处方。徐琴如获救命灵丹，拿着处方飞快地跑到药剂室。然而，药房的人盯着这张单子看了半天，惊讶得不敢相信自己的眼睛！再三核对字迹和签名后，还是坚决拒绝了她，把单子递出来说："不合药理，太危险！"

徐琴苦求不得，只得返回再次哀求主治医生"死马当活马医"，主治医生再签了一次字，药房才给她配了一半的剂量。随后，几种药剂先后被输入孩子僵硬的躯体。半小时后，孩子的眼睛自动闭上了，身体转软。

整整四天四夜后，小弘毅终于睁开了原本灵动活泼的大眼睛。然而，面对悲喜交集的爸爸妈妈、爷爷奶奶，他全然视而不见，表情呆滞，呈现出植物人特有的无意识状态。医院建议徐琴带孩子到北京北大第一医院去，详细地检查一次，以最终确诊。

1991年5月2日，徐琴和丈夫带着儿子匆匆赶到了北京。北大第一医院神经病理首席专家袁云亲自给孩子做了检查，得出如下结论："孩子的脑组织严重受损！两三年后，孩子将首度失明；五六年后，左边脑瘫；六七年后，再右边脑瘫。到最后将变得又聋又哑又盲，痛苦不堪。"

专家这一番话如五雷轰顶。徐琴听完突然抱起儿子往楼顶冲去，结果没跑两步就被人拦了下来。徐琴彻底崩溃了，一屁股坐在楼梯上号啕大哭，丈夫高伟也悲难自禁，夫妻抱头哭作一团……

全家下海：

祈求苍天能赐孩子一个奇迹

回杭州后，徐琴和丈夫擦干眼泪，决定不惜一切代价挽救孩子的生命，尽最大努力治好他的不治之症！

但是，要救孩子，首先面临的是巨额医疗费。当晚一家人讨论后，一致认为，仅靠全家人的工资是难以治好小弘毅的，商量后决定徐琴辞职去打工，高伟辞职去经商，在杭州大学当讲师的爷爷退职去流动讲学。

徐琴首先到杭州市汽车总站去卖快餐。由于是无证经营，被城管几度驱赶后，经杭州市汽车总站的一个好心人介绍，徐琴转到杭州火车站打工。在那里拖地、分发报纸，什么脏活累活都抢着干。她把挣来的每一分钱都积攒起来，用来给儿子做核磁共振，购买昂贵的脑修复药——奥地利的脑活素，还有国产的甘露醇等。

然而，徐琴虽然做了千般努力，瘫痪在床的儿子，却依然毫无起色。

徐琴每天晚上9点打工回来后，都要到医院坚持陪在儿子身边，给儿子按摩活血，给儿子讲故事。很多次，徐琴讲完故事后，面对儿子毫无表情的脸，都不由悲恸欲绝："儿子，你快醒来吧，妈妈快扛不住了！"

日子一天天过去了，1992年，小弘毅已3岁了。9月2日晚上11点，徐琴给儿子讲完故事后准备睡觉了。突然，她发现孩子的眼珠动了一下！隔了几分钟，儿子竟然奇迹般转动起了并不灵活的眼珠。他看了看这久违的世界，费力又虚弱地叫了一声："妈妈！"

听到这一声迟来的呼唤，徐琴简直不敢相信自己的耳朵，她呆立片刻，一把抱住儿子大哭道："儿子，你终于醒了，终于醒了！……"

1995年年初，徐琴用几年辛苦挣来的钱开了两家小店，一家卖日用副食，一家卖建筑材料。

然而厄运再至！正如专家所料，1996年，已经7岁的弘毅第一次失明了！惊慌失措的徐琴当即想到了廉价变卖两家店铺，这时高伟却表示反对："日子刚刚有了一点儿起色，我们是不是应该考虑医生当初的意见？"那天，夫妻俩第一次发生了争吵。

最后，丈夫实在拗不过妻子，同意了她的想法，将变卖店铺的10万元全部用于儿子的救治。一个月后，小弘毅靠着大量的激素，从黑暗中走了出来，重新看到了这个世界。然而，十余万巨款也消耗一空，全家再次一无所有！

漫长的6年一晃而过，孩子身高已经达到120厘米。几年里，徐琴始终坚信着功夫不负有心人的信念，以为只要努力就一定能治好儿子的病。

这时，她认真阅读了相关书籍，并把每次大夫的诊断意见反复翻看，最后，得出了一个理智的结论：孩子的脑挫伤确实没有办法治好了！

那天晚上，她把孩子托付给外婆，独自来到餐馆，破天荒地喝起酒来。不知不觉中，她已经喝下了整整半瓶，走在大街上，望着天旋地转的路面，不由得失声痛哭："妈妈没用啊，治不好你的病，没办法了……"

在赶来的朋友劝说下，徐琴逐渐冷静下来并接受了这一现实。事已至此，她开始转变观念：既然已经治不好了，不如让孩子过好每一天，快乐生活好每一秒！

于是，在徐琴的要求下，医院减少了孩子激素药的剂量。少了激素刺激，小弘毅也少了许多沉闷，他开始逐渐像别的小孩一样活泼起来。

一次，徐琴的几个客户到家里做客，刚进家门，总沉默寡言的小弘毅这回竟主动端上来一盘苹果，左一个、右一个地递给客人，最后自己拿了一个最小的！这几乎无意识的举动让客人们既惊奇，又感动。

也许智障的弘毅在理智上不能理解"妈妈"这个词的全部意义，然而，他深深知道，眼前这个人是自己的全部依靠。妈妈每天回来，他都主动给妈妈开门，冲着妈妈灿烂地微笑，发自内心，天真，无邪。每天都把拖鞋放好，等着妈妈回来方便穿。有一天，家里又来了个客人，他手拿一双拖鞋站在客人身边，客人莫名其妙，问他怎么了，他指着客人的鞋说："妈妈的，妈妈的。"直到客人把妈妈的拖鞋换下来才肯罢休。

他的可爱，让很多熟悉的人都开始称他为"天使"。

1997年8月，已经8岁的小弘毅病情再度加重。这时孩子已经长到125厘米，体重达到30多千克。有一次徐琴带儿子去看病，横穿公路时，一辆货车向她的左侧疾驰过来。在撞击的一刹那，徐琴本能地将怀中的儿子推向了路边的树丛，自己却被撞飞出去……病床上，模糊中的徐琴心里只有一个信念：我不能死！现在家里没钱了，我再走了，儿子可怎么办？

昏迷中，徐琴喊了20多次儿子的名字，让医生们听了无不感动落泪。高伟陪在妻子的身边，看着妻子消瘦的脸，劝说道："咱们还是面对现实，放弃治疗吧，这样下去肯定不行。不仅孩子受罪，全家也被拖垮了！"

然而，徐琴不同意放弃。一出医院，徐琴又打了几份工，少许的一点儿休息时间，也全部用来锻炼和训练儿子，不厌其烦地教他说话、走路。

1998年8月，小弘毅病情恶化，左边脑瘫。随后，专家对他的病情再次进行了鉴定。得出的结论是，最多5年后，小弘毅将右边脑瘫！

接到通知后，高伟再也接受不了这个现实，对徐琴说："我以前就多次说过，要面对现实，这样对待孩子，我们已经尽到了责任，没有办法了，还是放弃吧！"

可是徐琴仍然不肯！第二天一早，一夜未睡的丈夫平静地对徐琴说："并不是我不想要孩子了，我是觉得这样下去没有意义！财产全部归你，你好好照顾孩子吧！"丈夫最后深深地在孩子脸上亲了一下，拖着沉重的步伐，疲倦地离开了这个家，从此再也没有回来。望着丈夫渐渐远去的身影，徐琴泪雨纷飞……

天地炼狱之间：

一个天使诞生了

此时，家里的钱已经基本没有了，而弘毅已经10岁，身高140厘米，体重接近40千克，长成大孩子了。除了生活费外，他每月的医药费就要1000余元！

1999年，无奈而又倔强的徐琴借了10多万元，做起了家庭装饰材料和汽车配件生意。她并不想挣多少钱，只想用自己努力的拼搏，给儿子搭建一个可爱的天堂。

然而，生意刚有起色，2000年3月，小弘毅的右脑又瘫痪了！由于右脑是管理行动的中心枢纽，小弘毅说话、走路、叠衣和系鞋带等日常行动更加困难。而且，他的病情开始加重，发病与不发病时判若两人。每次服完药后，弘毅就会失去理智，抓着东西发疯地狂打妈妈。徐琴只有护着头，躲在床角。等儿子药劲过后，发现妈妈身体上的伤痕血印，他又会抱着妈妈大哭着道歉。

为了挣钱给儿子治病，徐琴每天早上5点就起床给儿子做饭，7点30分又赶到门市做生意。她把自己和儿子的合影放在门市，累了、渴了，就看一看照片，从儿子灿烂的笑容里汲取继续奋斗下去的勇气与力量。皇天不负有心人，徐琴的生意渐渐扩大。

2002年，铺面由1个扩大到3个，资产达到了50多万元。

尽管徐琴经济有所好转，但她还是坚持自己带着儿子。有一次，徐琴把孩子带到了门市，边做生意边照看他。离门市外不远处正在举办庙会，很热闹。等徐琴与客户谈完生意回过头，却发现弘毅居然不在了！

徐琴像疯了一样四处寻找。等找到弘毅时，他正蜷缩着坐在一个墙角，一群小孩在取笑他。徐琴把小孩赶跑后，一把将弘毅拉在怀里。徐琴发现弘毅手里紧紧攥着什么东西，打开一看，原来是三块碎饼干。也许是受了惊吓，弘毅断断续续地说："饼干第一块要给妈妈，第二块给外婆，他们抢，打架了……"

看到儿子惊恐未定、认真又挂满泪珠的脸，徐琴心疼极了，她当即把儿子带到超市去买这种饼干，而小弘毅却只拿了一包，他说一包就够了，多了是瞎花钱。

小弘毅"天使"般的言行举止，通过徐琴的客户和朋友渐渐传了开去，周围的人都为这个可爱的孩子所感动，一些商家还专程从很远赶来照顾徐琴的生意。

2005年8月，装饰行业不景气，为了追求利润，很多商家都卖伪劣产品。为了生存，徐琴也进了20多万的"次货"。可是，货一发出去，徐琴就后悔了。

晚上11点，得了咽炎的徐琴躺在床上怎么也睡不着。弘毅看在眼里，知道妈妈有心事，便起床给徐琴倒盐开水喝。然而弘毅平衡能力差，刚用托盘把水送到床边，就脚下一歪摔在了地上，头上撞了一个大包。

徐琴连忙起来扶弘毅，弘毅却不起来，还说："妈妈的水，妈妈喝，喝了就能睡好觉……"这话在徐琴的心里掀起了惊涛骇浪。她想：是啊，儿子纯洁得就像天使！自己假如昧着良心赚钱，怎么配当他的妈妈呢？

第二天，徐琴主动向经销商承认了错误，并支付了违约金。单这一笔，她就损失了3万多元，很多人都说她傻，有的甚至还讽刺道："儿子和妈都是傻子！"

然而正因为如此，徐琴的诚信口碑不胫而走。很多人愿意和她做生意，他们都说："徐琴家里有一个纯洁的天使，和她做生意放心，不会坑人……"到了2006年，徐琴的手下职员有20多人，资产400多万！

可让徐琴伤心的是，弘毅的病情却更加严重，每天头痛欲裂，靠大量止痛片和安眠药才能入睡。而且一病就眼瞎，抓住妈妈的手就不放开。开始徐琴骗他，说医院停电了。没想到弘毅听了，想了一会儿却说："你去和医生说，我很乖，叫医生早点儿修好。"

在黑暗中，徐琴为了让他没时间胡思乱想，就故意丢掉手机、手表让他找。后来弘毅慢慢明白了，就笑着对外婆说："妈妈又在试我了。"

这期间，每次抽骨髓，弘毅都六小时不能动，很爱动的他都表现得非常乖，说："我很乖，我不动，我下次就会好一点儿。"有时还和妈妈开玩笑，说："医生都说我大脑很复杂，是不是可以发电啊？"徐琴忍不住笑了，笑中带着泪说："你厉害，咱们家以后连电费都可以省了！"一次手术前，弘毅突然问起了爸爸。他对外婆说："我想爸爸了。"外婆说："不可以！"他又问妈妈："我是不是不可以想爸爸？"徐琴回答："可以，你什么时候都可以，只是爸爸出差了，很久才会回来……"天真的弘毅说："你不是说我是天使吗，天使会飞，我将来病好后，就飞去找爸爸！"徐琴含着泪回答："一定的，你一定会飞起来找爸爸的……"

此时，弘毅的病情已经非常严重，每天都会有六七次昏迷，时间长短不一，一般30秒就恢复，30秒不能恢复就得送医院。后来，弘毅自己都有经验了，严重时会自己扶墙、扶桌子倒下去，然后对身边的人说："送医院！"说完就陷入深度昏迷……

每每到医院，弘毅都会到处找自己的主治医生和自己认识的护士，与对方一一握手说"医生好"，然后才回病房如释重负地自言自语道："这下生命有保障了！"晚上，医院下班时，他会再次跑到医院大门口，对每一个下班的医生和护士说："再见！"

到2007年，为减轻孩子的颅内压力，徐琴决定给弘毅做一次大型手术。手术前，徐琴带着弘毅去寺庙烧香。妈妈祈祷菩萨保佑儿子早日康复，一边的儿子照葫芦画瓢，下跪，磕头，合十，一丝不苟，口中祈祷道："菩萨，请你保佑我每天头不要疼！"

8月20日，为了提前为手术做好准备，18岁的弘毅住进了医院。此时他的身高已达170厘米，体重75千克。在他隔壁病房里有一个名叫王倩的小朋友住院。王倩家很穷，患了脊柱炎，得动大手术。每天中午，弘毅都会端着饭过去和王倩一起吃。每次吃饭，都鼓励她多吃，还说："不要怕，妈妈告诉我，只要多吃饭，什么病都好了……"

25日，弘毅病房里来了一位姓黄的老爷爷，患了肝硬化，每天晚上都会疼得不停呻吟，黄爷爷很过意不去，每天都向弘毅道歉。有一天凌晨2点，黄爷爷又开始疼得叫了。当他想翻身拿药时，却发现弘毅站在自己的身边，他手里举着药，说道："黄爷爷，我先帮你把药拿到了，以后你一疼我就给你拿。"看着稚气又一脸天真的弘毅，黄爷爷感动得流下了眼泪……

类似的故事很多很多，在无数次长短不一的住院期间里，他的善良和一系列纯朴的善举都感染着身边所有的人，医生和病友都直接称呼他为"天使"。

2007年9月12日，再一次昏迷不醒的弘毅被送进手术室。那一天，无论是医生护士，还是病患家属，所有的人都在默默为他祈祷。手术从上午9点一直进行到下午3点，当医院广播中传出弘毅手术成功的消息后，整个医院沸腾了！大家纷纷奔走相告。

然而，主治医生却表情凝重地告诉徐琴，一切都还不容乐观，弘毅的视神经损伤越来越严重，今后将会频繁地失明、失聪，将全靠昂贵的激素来刺激复明。目前他的身体已经越来越差，身体机能也开始衰竭。也许下一次，就将彻底失明，而且最多不超过两年。

得知这一结论，徐琴没有痛哭，她平静地说："起码还有两年，这700多个日子，我一定要让他每一天都快快乐乐的，做一个快乐的天使……"

在一同与病魔斗争的日子里，徐琴学会了坚强；在与儿子的交流中，她变得更加热爱生活。现在，徐琴经营的杭州市南山装饰材料经营部业务越做越大，生意越来越好，她认为这一切都是儿子带给她的好财运。

尽管弘毅的病无法治愈，而且悲剧的命运也无法逆转，但徐琴和儿子的故事却感动了千千万万的人。徐琴本人先后成为"杭州市首届爱心妈妈"、"中国100名优秀母亲"、"2007中国十大杰出母亲"候选人……

让我们衷心祝福这对坚强的母子，在以后的日子里一路走好！

癌症之家：
来生我们还做一家人

春晓

这可能是中国最不幸的家庭：父兄6人竟有5人患有癌症，其中4人已去世；幸存的两人，一人也因患有肝癌，生命危在旦夕。

这也一定是中国最坚强的家庭：他们虽然一再遭遇不幸，欠下60多万元的债务，却从来没有放弃过与厄运抗争！直到现在，唯一未患癌症的老四仍然前赴后继地带领15个侄子侄女在外打工挣钱，希望能给老五成功换肝……

2004年12月3日，这个癌症之家里身患癌症的老五钟火明第一次接受记者采访，诉说了这个家庭几年来与死神不屈抗争的悲壮经历……

父亲走了，

大哥成了我们的顶梁柱

我家在广东省惠东县宝口镇郊区，全家人靠种田为生。我们兄弟一共5人，我是老幺，大哥比我大13岁。

我的父亲是方圆几十里有名的木匠，厚道稳重，很受人尊重。在我的记忆里，父亲最常做的事，就是带着我们5个儿子赤裸着结实的臂膀和胸膛，在太阳下收割稻子。那场面，成了村子里最让人羡慕的一道风景。父亲平时最看不惯不劳而获的人，他教育我们时说得最多的一句话就是："做人，要靠自己。"

多少年来，我们钟家人在镇里的口碑都很好。我从来没想过，命运竟然会与我们这个善良之家过不去。

1989年夏的一天，正在田地里干活的父亲忽然捂着右上腹蹲了下去，豆大的汗珠从他的额头滚下。母亲一看，立刻惊恐地哭起来，说："你父亲是刀架在脖子上都不皱眉头的硬汉子，他顶不住，就一定出大事了！"

果然被母亲不幸言中了。在我们的坚持下，父亲去医院检查，居然确诊患了肝癌，而且已经接近晚期了！母亲抹着眼泪，对我们兄弟5人说："你们5个听好了，一定要把你父亲救活！"

母命如山。我们五兄弟先将家里的谷子卖光，再分头出去借钱，然后到了广州各个县打工挣钱……几个月后，在父亲病情恶化时，我们5人回到了家。连借带凑，加上卖了房子，终于有了近10万元钱。我们火速把父亲送到广州市中山大学第二医院，为父亲做了肝脏部分切除手术。

我们以为父亲做了手术就能康复，没料想，仅仅过了4个多月，父亲就去世了。那么结实的父亲，说倒下就倒下，像山一样地崩塌了，令我们五兄弟悲恸欲绝，惊恐不安，母亲更是哭得死去活来。我们五兄弟在父亲的坟头流着泪发誓：父亲走了，我们还在，我们一定要还清欠下的债务，让父亲的亡灵安息……

为了还清父亲临终前如山的债务，我们5个人一起带着母亲离开家乡，来到了平山县。平山虽然只是个小县城，可是赚钱的机会毕竟比农村多。我们在大哥的带领下，以70元钱一个月租下一间只有几平方米的破旧小屋，大哥带领二哥将屋子修理得不再漏雨，然后又找来一些木头和厚木板，横空搭起一个能睡5个壮汉子的楼台当床。入夜了，母亲睡在楼台下靠墙的地方，顶上，就并排躺着她的5个儿子。

那个时候，我觉得父亲去了，大哥就是我们的顶梁柱和主心骨。大哥继承了父亲的好手艺，每天，他和二哥出去给人家装修房子。我和三哥、四哥则拖着板车，到服装批发市场给外地来的客人拉货，每拉一次可挣2～3元，拉一天板车，一个人可挣10多元。

生活虽然很艰苦，但我们全家从不怨天尤人，也丝毫没有失去对生活的热爱。每天，天完全黑后，我们五兄弟就陆续回到小屋子里来，把一天几十元钱的收入交给大哥。这几十元的收入与那10多万元的债务比起来是多么微乎其微啊！可是大哥从来都没有绝望，他总是对我们说："咱们日积月累，总有一天可以还清债务！"大哥数钱的时候，母亲在做饭，我们其他几个兄弟轮着去一旁的小格子间冲凉，然后围坐下来，吃着母亲做的并不丰盛的饭菜，满屋子都是笑声和闹声。

到1994年，我们五兄弟已经有了一定的积蓄，债也还了一大半。于是，大哥带着二哥成立了一个小装修公司，我和另外两个哥哥则分别买了一辆旧摩托车，在县城拉客。由于勤快，我的生意很好，这引起了别的摩的师傅的嫉妒。有一次，当某个摩的师傅叫来几个小流氓又来找碴儿时，我慌忙打电话叫来了大哥。大哥来了，1.8米的个子往那儿一站，只说了一句："要打架，冲着我来！"就一动不动了，任凭那些小流氓怎么用石头丢他，怎么使劲踢他，他都不还手……那些小流氓打着打着，终于心慌了，纷纷住了手，转身飞逃。

小流氓后来不再找我们的碴儿，除了打不趴，也打不怕我们外，还有个重要的原因是：大哥没有报警，也没去医院治疗，而是自己上山挖了些草药敷伤口。一个流氓头子知道后说："这才是硬汉！别再去惹他们……"

大哥也走了……终于，

我的身边只有四哥了

1996年，我们全家人在异乡过了一个清贫而快乐的春节。然而，我绝对想不到，这竟是我家自父亲去世后最后一次出现欢笑。

那一年，我们兄弟5人终于实现了自己的诺言，还清了父亲因病欠下的10多万元债务。我们另租了一套大一点儿的房子，让母亲有了自己的一个单间，几个哥哥也将嫂子和孩子从乡下接了过来，过上了团圆的日子。我们甚至开始憧憬美好的未来，打算再过一段时间，就全家迁到广州去打工，尝尝做都市人的滋味。

但我们万万没有料到的是，夺去父亲生命的死神并没有走远，它又来了。这次，它最先盯上了我们五兄弟中个子最高也最能干的二哥！

这年冬天，正在一家酒店做装修的二哥回家后悄悄告诉二嫂，自己的肺部不舒服。二嫂一听一分钟也不敢停留，拉着二哥就去医院检查。结果，竟然是可怕的肺癌，而且像父亲当年一样，也到了晚期！

二哥的病来势非常凶猛。我们都不愿意家里再少一个亲人了，他在平山县医院只治疗了一个星期，我们几个兄弟就连忙把他送到了广州市孙逸仙医院。然而，家里虽然花去了所有的积蓄，又借了10多万元，但一年后深秋的一个夜里，二哥还是永远离开了我们。二哥走的时候，眼睛是睁着的，无论二嫂怎么劝他，抹他的眼皮，他就是不肯闭眼啊！那年，二哥年仅33岁。

二哥走后的第二天，大哥召集全家人开会，说："从明天起，我们再次全部出去挣钱还债！咱们不能让老二去得不安生！"长兄为父，大哥一说话，就连母亲也收起了悲伤。三哥、四哥去了广州，我和大哥仍然留在平山。大哥继续经营他的装修公司，我开摩托车搭客。人家每次收5元，我只收3元；人家天黑就收车，我半夜照样开车搭客，再危险的地方都去……

此后两年间，我们四兄弟终于偿还了给二哥治病所欠下的大部分债务。1999年夏初的一天深夜，大哥兴奋地对母亲说："妈，还差几万元就还清债款了，老二就可以安心了。我们几兄弟顶多再努力干一年，就能让您老人家过上舒心日子！"

谁能想到啊，灾难偏偏在这时再一次不期而至。我的大哥，我的像父亲一样的大哥，在1999年9月也被确诊患了肝癌！

大哥被确诊的当天晚上，他的三个孩子——14岁的老大东子，壮着胆子骑着摩托车，带着10岁的妹妹和6岁的弟弟从农村赶到了平山县。一生中从不流泪的大哥这时禁不住哭了，他搂着东子说："我不要紧，你可要照顾好弟弟妹妹啊！"

2000年春节后，大哥到广州中山大学第二医院做了手术，将三叶肝的其中一叶切除了。但手术依然没有留住他的生命，年仅41岁的他只坚持到端午节那天，就在3个孩子的哭声中永远地走了。

失去了大哥这个顶梁柱，我的身边只剩下三哥和四哥可以依靠了。三哥和四哥最初是在父亲病重时，一起结伴到广州打工的。当年的三哥在打工之余，有时还开着摩托车出去载客挣钱。一天，在另一家工厂打工的女孩李媛从车站赶回工厂时，觉得搭出租车太贵，便乘上三哥的摩托车。可到了厂门口一摸口袋，竟然没有零钱，就抽出一张百元大票递给了三哥。

三哥没有接，只是说："我找不开。这样，明天或后天，我会来这里找你。你要有空，就出来还车钱。"第二天，三哥真的在下班时来到了李媛所在的工厂门口。几分钟后，李媛带着一个漂亮妹子一同出来了。她将3元钱塞到三哥手里，说："好了，我们两清了。"三哥愣了一下，冲着已经走出很远的李媛和那个漂亮妹子的背影喊道："你如果没有男朋友，明天就出来……"

三哥真是太能干了，不但将李媛娶回了家，还想方设法动员李媛那天带出来的漂亮妹子给我四哥做了妻子。那个漂亮妹子名叫夏倩，与李媛在同一家工厂打工。四哥是我们全家文化水平最高的人，高中毕业，写一手漂亮的钢笔字。但他老实，不敢主动追求女孩子，能娶到漂亮的夏倩，当然是喜不自胜。

当然，夏倩最后答应嫁给我四哥，主要还是四哥人品好。用夏倩的话说："钟家人老实本分，也能挣钱，冲这两点我就嫁给他。"

三哥与三嫂于1991年结婚后，先后生了一儿一女，过着令人羡慕的幸福生活。但三嫂和我们全家人谁也没有料到，在我们父兄6人中，三哥的生命最脆弱，凋谢得也最快。三哥从发病到离开我们只有一个月时间。

就在大哥病逝后4个月，也就是2000年9月的一天，三哥在开摩托车搭客的路途中突然觉得肚子极不舒服，赶紧收车回了家。母亲闻讯，立刻要他到医院检查。三哥去了医院，医生说是肝癌。三哥不信，跑到广州的医院复查，结论仍是肝癌！三哥是个坚强的男人，他没哭，也没让家里人知道，乐呵呵地回来了。

可是这一次，病魔显示了它的残酷和凶险：三哥2000年9月发病，我们一家人甚至还没有决定要不要将他送到广州开刀，也还未筹到十分之一的手术费，三哥就突然走了——曾经唇齿相依、患难与共的我们五兄弟啊，此时只剩下四哥和我了！

我永远也忘不了三哥咽气的那一刻，他双手死死地抓住三嫂的一只胳膊，指头深深抠进她的肌肤里，他的嘴半张着，却再也发不出一点儿声音……

下一辈子，
我们还做一家人好吗

三哥病逝后，三嫂就离开我们去广州打工了。她的8岁的儿子和6岁的女儿满脸的泪水，眼睁睁看着妈妈离开，哭哑了嗓子。

在我的15个侄子侄女中，就数三哥的儿子钟强最有个性。父亲死后，他班里的一些同学老问他："你们家的人怎么都得癌？会不会传染？"就连个别老师也对钟强心存恐惧，有意无意躲避他。结果，钟强再不肯去学校了，辍学自己找事做，小小年纪的他帮人推过板车，也捡过酒瓶和收旧报纸……以减轻家里的负担。

2004年，年仅12岁的小钟强成了一名汽车修理学徒工。每天，他穿着用成年人的衣服改成的工作服，在车子底下钻来钻去。他的收入只有三四百元，可是他一分钱都舍不得花，全数交到我母亲手中。他说："奶奶您存着，我们还欠人家10多万元的医药费呢！"

三个儿子相继离去，母亲再也不敢大意了。在她的催促下，我和四哥年年都定期到医院检查身体，但病魔仍然没有罢手的意思。

我最早觉得胸腹部不适，是2004年3月中旬。我没敢告诉母亲，自己一人悄悄去医院检查身体，结果被诊断是早期肝癌。

我当时就蒙了。我在2003年做过身体检查，医生当时说我身体很好，为何仅仅过了几个月就这样了？我起先想瞒住母亲，但母亲很快从我的举止中看出了问题。我不得不道出了实情。于是，我们这个屡遭灭顶之灾的残缺家庭在四哥的带领下，又开始了新一轮与癌魔的抗争。这一次，连小钟强都帮助借了3万元钱。

在我之前，我们家已经欠下10多万元的债务。为给我治病，家人又举债12万元，于4月初送我到广州做了肝脏部分切除手术。由于发现得早，手术恢复期我感觉良好。可不幸的是，7月底我又一次到医院复查时，医生叹息着告诉我："肝脏仍有癌细胞，并正在扩散……唯一的办法是施行换肝手术，晚了就来不及了……"

换肝手术要40多万元啊，我们哪里拿得出这么多钱？在医生爱莫能助的叹息声中，我一路上抹着眼泪从广州回到了平山的家中。四哥，我们钟家父兄6人中唯一没有被癌魔侵蚀的人，将家人召集在一起，说："哪怕有天大的困难，我们都不能放弃治疗火明的病！"

全家人一致同意。在鞋厂打工的大嫂、二嫂立刻将刚发的工资交到母亲手里。看着两个丈夫死去多年、仍然苦守着钟家的嫂子，我泪流满面却无言以对。

最让我伤心的是，我们钟家五兄弟共有15个孩子，大部分已经学会外出打工挣钱了……而我可怜的四哥，白天率领几个嫂子和一大群侄子侄女拼命打工挣钱，晚上常常整夜整夜睡不着觉。我知道他虽然坚强，但心里却充满了恐惧，因为我不止一次听到他悄悄问四嫂："我们家里只剩下我一个大男将了，我会不会也得癌症？如果我也得了，我们这一家人怎么办……"

我们家的不幸，引起了各级领导和家乡人民的关注。2004年11月11日，惠州市委书记柳锦州、市委副书记林惠纯等人专程慰问了我和家人，并在百忙之中布置有关部门发起募捐活动……

面对社会各界的热心帮助，我们一家人对未来依然充满希望。在过去的15年时间里，我们全家都没有被灾难吓倒，齐心协力偿还了60多万元债务中的40多万元，凭着这些，我们还惧怕什么灾难呢？人活在这个世上，最难得的便是理直气壮地活着，有骨气地离去。我们家以前做到了，此后也永远能做到！

我的父母我的兄长们：来生，咱们还做一家人！

【补记】2004年12月21日，就在本文即将付印之际，钟家老四钟锦堂打来电话，本文自述者——老五钟火明已于12月12日晚病逝。我们对他的去世表示沉痛哀悼，并向钟家所有人致以亲切的慰问。

15年后，
请让我再喊您一声"爸爸"

灵峰

　　浙江有位寒门学子，因为反感电工父亲的粗暴，15年没叫过父亲一声"爸爸"，与父亲产生了坚冰般的隔阂。当他考上大学后，一生刚强、操劳的父亲不幸身患绝症！此时，当他惊愕地得知"冷漠"的父亲为了供他读大学，竟然决定放弃治疗，把仅有的一点儿钱留给他做学费时，他的心灵被这如山的父爱强烈震撼了！

　　他深深地忏悔，然而，在父亲生命的最后日子里，他能做些什么，才能够偿还这欠了15年的"孝债"呢？

父子"结怨"：

儿子15年不喊"爸爸"

　　1983年，杨怀德出生在浙江省新昌县一个贫寒的农家。他的哥哥和姐姐都只念到初中就辍学打工了，但杨怀德的成绩特别好，因此他也就成了杨家的唯一希望。杨怀德的父亲杨桂正是村里的电工，在外人缘很好，可一回到家对儿女却很凶，动辄打骂孩子。杨怀德5岁时，当他看到哥哥抱着脑袋任凭父亲打骂时，哥哥那副可怜相就深深地嵌进了他的脑海。他很纳闷：为什么父亲对别人那么好，而对自己的孩子却这么凶呢……小怀德想不通，于是，如果父亲只是骂他，他便怒目相向，一声不吭；但如果父亲揍他，他就极力反抗，甚至还手！

　　见小儿子小小年纪就胆敢反抗，杨桂正出手更重了，而倔强的小怀德也更加不买父亲的账了。杨母经常对丈夫唠叨："孩子不是牲口，你当爸的咋下得了手？"杨桂正振振有词道："棍棒底下出秀才，小时候不对他们严点儿，长大了他们哪能成器？"

　　一天，有个养鹅的主人向杨桂正告状，说杨怀德和几个男孩打死了他的一只鹅。杨桂正勃然大怒，当小怀德放学回来后，他不问缘由就挥起竹枝劈头盖脸地往小怀德身上抽。小怀德被打得莫名其妙，他抓住父亲的手问道："你为什么打我？我不是小鸡小狗！"杨桂正更来气了，怒喝道："你还嘴硬！你做的好事还想抵赖？"他根本不听儿子申辩，抽打得更凶了。杨怀德被打急了，往父亲手腕上咬了一口，然后一溜烟跑了。杨桂正吼道："有种的晚上别回来！"当晚，杨怀德真的没有回家。

　　后来，事情弄明白了：那几个男孩打死那只鹅时，杨怀德恰巧路过，他只是出于好奇站在旁边看了看，却被鹅的主人误会了……此事真相大白了，可小怀德见父亲根本不认错，就觉得父亲是故意找自己的碴儿，不禁暗暗发誓：你不配做爸爸，以后别想让我叫你爸爸！

　　从此，杨怀德再也不喊"爸爸"了。同在一张桌吃饭，他也不看父亲；父亲让他拿东西，他几乎是扔过去；路上碰见父亲，他就绕道走……

对小儿子的冷漠，杨桂正起初认为小儿子只是在赌气，后来发现小儿子是成心要和自己决裂，他不禁心酸不已，便试图改善父子关系，可试了几次都失败了。一次，有人送给杨桂正一袋核桃，他见杨怀德在睡觉，便将核桃悄悄放在杨怀德的枕边。其实杨怀德根本就没睡着，父亲一走，他就将核桃全扔到了外屋，心想：别假惺惺装好人了，我才不会被你收买呢！

杨怀德上小学二年级时，开学的前一天，杨桂正将杨怀德的学费包好放进了他的衣兜里。第二天，杨怀德发现了衣兜里的钱，便问母亲是不是她给的，母亲一愣，马上点了点头。但敏感的杨怀德已明白了，他当即掏出钱往桌上一扔。见小儿子如此倔强，杨桂正感到很苦闷，在酒后发牢骚："这个儿子算白养了！"这话传到杨怀德耳朵里后，他愤愤地嚷道："我根本就用不着他养！养我的是妈妈！"当时，杨怀德已能和母亲、哥哥姐姐一起到附近的药厂装胶囊挣钱了，一个暑假他就挣了300多元，所以他觉得用不着父亲养了。

见父子横眉冷对，母亲和哥哥姐姐心里都不是滋味，都来劝杨怀德。可杨怀德口气很硬："我把他看穿了，这辈子别指望我喊他！"全家人见劝不住杨怀德，便又来安慰父亲，可杨桂正也执拗地说："难道要我求他做爹不成？这么小就忘恩负义，长大后不知成什么样子呢！"

杨怀德却告诫自己：我谁也不靠，长大了一定要有出息！他因此更加刻苦学习，成绩总是名列前茅。上初中后，他住读了，也就离开了父亲。

没有了磕磕碰碰，大家都以为时间会慢慢消融父子间的坚冰。可是奇迹并没有出现。杨怀德假日回家后仍然不和父亲说话，父子俩谁也不搭理谁。母亲让父亲去给小儿子送菜送米，杨桂正也是到了学校，把东西往传达室一搁，让门卫在黑板上写上小儿子的名字就走；杨怀德收到东西时也不问谁送的，拿起来就走……

2003年8月10日，杨怀德收到了浙江理工大学的录取通知书。乡亲们都夸杨家出了个有出息的儿子，全家人都喜气洋洋。当人们来为杨怀德庆贺时，杨桂正却独自躲到溪边的一棵大树下哭诉："怀德从7岁起，已经12年没叫我爸爸了，可能永远也不会认我这个父亲了！"

省下药费当学费，
如山父爱震撼儿子心

杨怀德到杭州上大学后，给自己定下了一个目标：大学毕业前成为作家。他笔耕不辍，边上学边开始创作。2005年11月，他完成了长达30万字的长篇小说《城市欲望》，并被列入中国文联出版社的出版计划。正当杨怀德沉浸在喜悦之际，一场变故令他深深震撼了！

2005年11月20日，受中国文联出版社委托的杭州一家出版社约杨怀德去洽谈出版事宜。途中，他突然接到了哥哥打来的电话，说父亲病倒了，让他赶紧回家看看。当晚，母亲又打来电话，让他无论多忙也回家一趟。杨怀德答应母亲次日回家，但第二天又因出书的事，他没能按时回家。他想，自己既没钱，也不是医生，回去有什么用？还是省点儿路费吧！这样，又拖了半个月。

12月6日，哥哥又打来电话，悲伤地告诉他，父亲已被送到杭州肿瘤医院住院，诊断为鼻咽癌晚期！他责问杨怀德："父亲都病成这样了，你连看一眼也不愿意，难道你对父亲真的有刻骨仇恨吗？他毕竟是你的生身父亲啊，你读到大学难道不是他供养出来的？没有他，哪有你？你怎能那么绝情呢？"

哥哥的一番谴责，犹如一记重锤敲在杨怀德的心上。回想起父亲当年把那袋核桃悄悄地放在他枕边的情景，他的眼眶湿润了。他开始反思：是啊！他毕竟是我的生身父亲，他赐予我生命，难道在他病重之际，我还要怨恨他吗？让垂危的父亲带着遗憾离开人世，这不是为人子之道！无论过去他对我怎样，我都是他的儿子啊！乌鸦反哺，羔羊跪乳，不去看望自己的生身父亲，那我岂不连动物都不如了吗？想到这里，杨怀德赶紧向老师请了假，骑着自行车飞快地向肿瘤医院奔去……

当杨怀德赶到肿瘤医院时，见父亲和哥哥早就等候在医院大门口了。杨怀德快一年没见到父亲了，看到父亲竟被病魔折磨得佝偻着背，眼睛深陷，嘴巴、鼻子全溃烂了，酸楚和愧疚之情从杨怀德心底升起。他的眼里噙着泪花，父亲也流泪了，目光里满是期待……

杨怀德上前紧紧地握住父亲枯槁的手，他的心在颤抖。往事虽然已经淡薄，但此刻，自己幼时的无知和倔强，父亲的严厉和关爱，一幕幕尘封在心底许久的情景，都变得异常清晰。看着眼前已病入膏肓的老父亲，一股从未有过的愧疚之情如潮水般地涌上心头，他终于喊出了"爸爸"这个人世间最普通、最亲切却久违了的称呼！喊完之后，他搂着父亲泣不成声了……

杨桂正惊喜得用袖子擦起了眼泪。他知道，能让小儿子喊一声"爸爸"多么不易！为了这一声"爸爸"，他整整期待了15年啊！

见弟弟和父亲"重归于好"，一旁的哥哥也欣慰地落下了热泪。为不打扰弟弟与父亲交谈，他悄悄离开了……当这对僵持了15年的父子突然一起坐在了花坛边，竟有点儿尴尬，都期待对方先开口说话。杨怀德终于开了口："爸，您怎么会病成这样？很难受吧？"杨桂正苦笑道："这是命呗，谁也没办法。"没想到，杨怀德这时竟然"扑通"一声，跪在父亲面前，声泪俱下："爸爸，儿子对不起您！都怪我以前太固执了……"

"快起来！别让人看了笑话。"杨桂正一怔，赶紧拉起儿子。想起15年来与儿子"较真"，杨桂正开始检讨自己：以前不该对孩子们实行"棍棒教育"，造成了父子间这么深的隔阂。顷刻间，这对父子15年的怨恨终于冰释了……

晚饭是杨怀德提议在医院附近的小饭店吃的。点菜时，杨桂正只给自己点了一份最便宜的青菜，并对两个儿子解释说：自己有病，应该分开吃。由于口腔溃烂，他吃得十分艰难，每一口都难以下咽。杨怀德看在眼里疼在心上，哪里吃得下呢？这顿饭啊，他吃得泪水涟涟。

晚上，杨怀德执意要留下来照顾父亲。可父亲说什么也不肯，怕影响他的学习，固执地硬将他推出了病房。

第二天，杨怀德又请假来看父亲。可父亲说不能耽误了他的功课，对他下了"逐客令"，还叮嘱他不要牵挂自己，也别再来看他了。无奈，杨怀德只得凄然离去。

一周后，杨怀德又按捺不住去看父亲，谁知到医院却扑了个空。护士告诉他，他的父亲昨天就已出院了。父亲刚来治疗，怎么就回家了呢？他马上打电话问哥哥。哥哥叹息道："是爸爸坚持要出院的。他说得了这病，治也是把钱扔到水里。没办法，谁也劝不住。"杨怀德的心被深深刺痛了。

12月18日，杨怀德回到家，只见自家的3间破泥墙房有一面墙已经歪斜了，用几根松树撑着。家里只有父亲一人，母亲在新昌城里当保姆，哥哥姐姐都出去打工了。父亲自己烧饭、煎药，可锅里的剩饭都馊了……见到这幅凄凉景象，杨怀德心如刀绞，他劝父亲回医院治病。可父亲不仅没有答应，反而责怪他不该耽误学习跑回来。杨怀德见劝不动父亲，只好下跪哀求。杨桂正长叹了一声，拉起他，黯然说："我治病已花了你哥哥姐姐3万元钱了，再治下去就要背债了，我不能留下一屁股债给你们啊！你明年才大学毕业，我不能让你借钱读书呀！"说罢，杨桂正从枕头下摸出一个存折，递给小儿子："这是我背着你娘攒的一点儿私房钱，住院后花掉了一部分，现在就剩这1650元了。给，你拿去交学费吧！"

那一瞬间，杨怀德的灵魂受到了一种强烈的震撼，这就是父亲啊！在身患绝症，生命已经岌岌可危的时刻，父亲竟然宁可舍弃生命，拒绝就医，也要把仅有的一点儿私房钱留给儿子交学费，这是一种多么厚重的父爱！杨怀德感觉到手中的存折沉甸甸的，大颗大颗的泪珠落在存折上……

亲爱的爸爸，
我拿什么才能拯救您

在父亲的"驱逐"下，杨怀德含泪离开了家。跨出家门的一刹那，他暗暗发誓：爸爸，我要挣钱给您治病！

回校后，杨怀德顾不上出书的事，便去学校附近的劳务市场找工作。他只想能快一点儿赚到钱，把拒绝治疗的父亲送回医院治病。他先找到了一份家教工作，接着又帮一家公司策划庆典。为了挣钱，他连送纯净水和发广告传单这样的粗活也干，像个陀螺转个不停，每天下午4点下课出校，次日凌晨两点左右，才拖着疲惫之躯回到校舍。仅半个月，他就瘦了7.5公斤。可忙乎了半个月，他才挣来400多元钱——这点儿钱对治疗父亲的病而言，无疑是杯水车薪，但这是一个儿子此刻唯一能用行动来表达的一点点迟到的孝心啊！

此后，杨怀德更像要折磨和惩罚自己似的，拼命地在劳务市场找活儿，连一贯干苦力的脚夫都不愿意干的脏活累活他也抢着干。他到车站的货场里去帮货主卸车，卸一车10多吨的货才能挣到10元钱；他还到殡仪馆和医院的太平间背尸体，这种活虽然有点恐怖，但每背一次就会有几十元的收入……每逢雇主来劳务市场时，他总是抢在前面请雇主雇他。他穿着一身破旧的工作服，人们根本就看不出他是个在读大学生，还以为他是刚从农村出来的打工仔呢。

转眼2006年春节就到了，杨怀德带着疲惫和打工挣来的1500元钱回家了。他辛酸地与父亲和家人吃了团圆饭，照顾了父亲几天；正月初四，杨怀德又匆匆踏上了打工之旅，想多挣点钱给父亲治病……

有一天，杨怀德被一个雇主雇到家里做清洁。在他做清洁时，雇主家读初中的女儿一道英语作业题读不懂了，女儿去请教当公务员的爸爸，可爸爸也不会。这时，在一旁做清洁的杨怀德凑过来，准确无误地帮那个中学生解决了难题，雇主不禁对这个穿着一身脏衣服的小伙子刮目相看。当雇主了解到杨怀德不仅是重点大学的在读学生，而且是为了给父亲治病才拼命打工挣钱的，心里非常感动。杨怀德干完活后，雇主不仅多给了他100元报酬，还语重心长地点拨道："小伙子，仅靠你一人拼命打工挣钱来给你父亲治病，这是不行的，你父亲的病也不能拖延啊！你可以向社会求助，这个社会是有爱心和真情的！"

听了这位雇主的建议，杨怀德心动了。2006年3月25日深夜，他在寝室里借用同学的电脑，在"天涯"等论坛上发了一封忏悔书，讲述了自己与父亲之间所发生的故事和自己的痛苦、忏悔、无助……

帖子发出后，立即引起了网友们的普遍关注，同时也引来了如潮的爱心。3月31日，浙江理工大学特意为杨怀德举行了募捐活动，师生们纷纷慷慨解囊。当杨怀德从校领导手中接过一只装有41703.70元捐款的大信封时，他感动得泪流满面……

2006年4月1日，乘上浙江理工大学派出的专车，杨怀德在老师和同学的陪同下，前往老家接父亲继续住院治疗。看到这个阵势，杨桂正非常吃惊，责备小儿子不该兴师动众，并坚持不去治病。杨怀德急了，同行的老师和同学也一起劝说，杨桂正这才答应下来。

为了弥补10多年来欠下的"孝债"，杨怀德请了长假，决定陪伴父亲度过"最后的日子"。

2006年4月初，杨怀德的长篇小说《城市欲望》正式出版了。拿到第一本样书后，他亲手送给了父亲。抚摸着儿子的书，杨桂正激动万分，连连赞叹道："儿子，你真有出息！"杨怀德流着泪对父亲说："爸，我还想写一本书，题目已想好了，就叫《不知父爱》。我要把自己的忏悔写出来，让天下做子女的都明白，应该怎样去感受父爱……"

美丽姐姐，
你的青春累到哪儿去了

——一位好姐姐和她的3个苦弟妹的真情故事

韩震

　　10年前，一场车祸让一个幸福的家庭顿时支离破碎，留下4个孤儿相依为命。风雨飘摇之际，23岁的大姐开始坚强地支撑这个穷家，她不仅省下每一分钱供弟妹们读书，而且坚持带着弟妹才出嫁。结婚后，她又与丈夫一起继续供养弟妹。此后的10年间，她不仅供两个妹妹相继考上了研究生，而且连最小的弟弟也考上了大学……如果你想品味什么叫亲情的珍贵，就请看看山东省胶州市的美丽姐姐王爱霞的故事吧！

幸福家庭轰然坍塌，

家有姐姐成慈母

　　1974年，王爱霞出生在山东省胶州市铺集镇沙北庄村。她在家排行老大，有两个妹妹和一个弟弟。她的父亲王炳玉在镇上做猪皮生意，年收入有六七万元，一家六口生活得其乐融融。然而，灾难却突然降临了。

　　1994年11月2日，王炳玉在送货途中遭遇车祸，成了植物人，家里花光了十几万的积蓄也没能让他醒来。1996年12月16日，王炳玉去世了。更惨的是，王爱霞的母亲刘金美也在丈夫走后的第89天上吊自尽。王爱霞姐弟4人顿时成了孤儿。

　　此时，王爱霞还不满23岁，刚刚从高密师范学校毕业，在离家不远的铺集镇小学当语文老师；大妹王爱云21岁，在哈尔滨理工大学读大一；小妹王爱飞13岁，在铺集镇中学读初二；小弟王帅只有9岁，在铺集镇小学上三年级。办完母亲的丧事后，这个曾经富足的家已是家徒四壁。作为长姐的王爱霞必须承担起家庭的重担，让3个弟妹好好地生活、读书。

　　当时，王爱霞每个月的工资是418元。她将其中300元寄给上大学的大妹做生活费，60元留给上初中的小妹，剩下的则作为自己和小弟的生活费。为了省钱，王爱霞一直都是自己烧柴做饭，从来舍不得买点儿好吃的。小妹平时住在学校宿舍里，只有周末能回家。也只有这时，王爱霞才会买一点儿好菜，给弟妹改善一下伙食。即便这样，到了月末，她的手里往往也就只剩下几角钱了。

　　可是，王爱霞能忍受长期的粗茶淡饭，弟弟却不行，他经常对姐姐说："学校食堂里的饭菜闻起来味道好香啊！"这话让王爱霞听着鼻子发酸。有一天，王爱霞带弟弟到学校食堂吃饭，5角钱的菠菜汤刚端上来，小弟两口就喝了个底朝天，最后还把碗底也舔了个干干净净。王爱霞的眼泪顿时落了下来。第二天，她狠狠心，花2元钱给小弟买了6个肉包子。但懂事的小弟却说："大姐，你不吃，我也不吃！"王爱霞挑了一个最小的，轻轻咬了一口，小弟这才开心地吃起来。等他一口气吃完了4个包子后，抬头一看，大姐手里的包子还是只咬了一口。小弟疑惑地问："大姐，你咋吃得这么慢？"王爱霞把手中的包子塞给他说："姐姐不饿，都给你！"看着小弟风卷残云般地将所有的包子吃下，王爱霞又偷偷哭了。

母亲去世后的第一个春节，王爱霞坚持按照传统习俗置办了年货，各种过年的习俗一样也不落。她要让弟妹知道，尽管父母不在了，她这个大姐会像父母一样继续支撑起这个家。大年初二，王爱霞领着弟妹，像当初母亲领着他们姐妹4人一样，到亲戚家挨家挨户登门拜年。90多岁的外公拉着王爱霞的手，老泪纵横地说："好孩子，你是我们家族的骄傲啊！"

然而，随着开学日期的一天天临近，弟妹们的学费成了最大的难题。王爱霞只好瞒着弟妹，出门挨家找亲戚借钱。有一天傍晚，王爱霞揣着好不容易从几家亲戚那里借来的2000元钱骑车回家，在经过一个下坡时，被重重地摔到了地上。她不禁悲从中来，抱住路边的一棵白桦树失声痛哭："爹娘啊，你们地下有知，帮帮女儿吧……"哭了很久，她突然想起弟妹还等着自己回去做饭，便顾不上擦干泪水，又骑上车奋力往回赶。暮色中，她远远看到弟弟妹妹齐刷刷地站在门口等她。一见到她，小弟就开心地迎上来："姐，饿了吧？饭都做好了，就等你回来吃了……"看着懂事的弟妹，王爱霞暗暗告诫自己：一定要坚强起来，吃再大的苦，受再大的累，也要代替父母把弟弟妹妹带大，让他们成人、成才！

带着弟妹出嫁，
姐姐的婚房是新家

王爱霞已经到了婚恋年龄，看到她支撑这个家如此艰难，好心的同事和邻居便开始给她介绍对象。但是王爱霞提出一个条件：结婚后男方必须和她一起照顾弟妹。当时有许多男青年早就看中了漂亮的王爱霞，但得知这样的条件后，又纷纷打起了退堂鼓——她有3个弟妹，将会是多大的负担啊！王爱霞知道自己的条件很"苛刻"，但是仍旧不改初衷，她已打定主意，即使牺牲自己的爱情和婚姻，也要让弟妹们过上好日子。

然而，尽管不少人被王爱霞的"苛刻"条件吓退了，可一个名叫王泽海的青年仍然勇敢地来到了她的身边。王泽海1996年毕业于青岛师范大学，后来被分配到胶州二中当化学老师。他早就听说过王爱霞姐弟的故事，对这个美丽的姑娘倾慕不已，当一位同事说要把王爱霞介绍给他做女朋友时，他立刻就答应了。两人恋爱后，随着感情的加深，王爱霞却越来越顾虑重重：王泽海有才气，工作也好，他真的甘心和自己一起照顾3个弟妹吗？要是他到时反悔，自己却已经深陷这段感情而难以自拔，那可怎么办啊……王爱霞不禁陷入了深深的矛盾中。

王泽海看出了她的顾虑，在一个夏日的夜晚，他将王爱霞带到校园湖畔，突然向她求婚。王爱霞又惊又喜，但是她还是理智地问道："泽海，你能接受我，但是能接受我的3个弟妹吗？我不可能为了自己的幸福而弃他们于不顾……"王泽海看着她，坚定地说："爱霞，我早就想好了，我爱你，也会爱你的弟妹。让我帮你把他们培养成人吧！相信我，我会尽我所能……"王爱霞这才相信他说的是心里话了，激动得扑到他的怀里，哽咽着说："我相信你，我相信你！我嫁给你……"

1998年秋季，王爱霞和王泽海开始筹备婚礼，学校分给王泽海一间半宿舍作为新房。看着温馨的小屋，想到小妹和小弟将要留在那破旧的老屋子里生活，王爱霞就忍不住地难过。几经思量，她忐忑不安地向王泽海提出想把弟妹带在身边一起住，王泽海憨厚地朝她笑着说："这还用说吗？他们还那么小，当然要跟着我们一起住了。我已经跟爱飞和小帅说过了，让他们把东西收拾好就搬过来。"王爱霞感动得落泪了："泽海，我真是这个世上最幸福的人！我……都不知道怎么报答你了！"王泽海将她拥在怀里："傻瓜，什么报答呀！他们也是我的弟弟妹妹！你赶紧回去收拾收拾吧！"

可是没想到，当王爱霞回到老屋催促弟弟妹妹搬到新房去时，小妹和小弟却怎么都不答应，他们怕给大姐添麻烦，坚持要住在父母留下的老屋里。王爱霞见说不动他们，就干脆一声不吭地收拾他们的东西，可是她把柜子里的衣服清出来，刚转个身，弟妹就重新塞了回去。这样折腾了几次后，又急又气的王爱霞大声喊道："你们存心想气死我吗？你们要是再这样不听话，我就不结婚了！"说完就哭了起来。小妹和小弟这才慌了，赶紧乖乖地跟着姐姐去了新房。

1998年10月1日，这对恋人幸福地结合了。谁知婚礼和酒席散尽后，王爱霞竟然找不到弟妹了。王爱霞和王泽海急得四处寻找，终于在老屋里找到了他们。原来，有宾客在参观王爱霞的新房时半开玩笑地说："房间布置得很温馨啊，可要是添了孩子，就小了哦！"听了这种议论，小妹不想再给姐姐和姐夫添麻烦了，就带着小弟偷偷跑回了老屋。王爱霞听了弟妹的解释后，忍不住抱着他们哭道："姐姐知道你们懂事，但是爸妈走得早，你们要是过得不幸福，姐姐一个人快乐有什么意思呢？为了姐姐安心，你们就搬过来一起住，好不好哇！"小妹和小弟一边哭，一边帮大姐擦眼泪，但摇着头就是不说话。王泽海看着眼前的一切，不由得眼里也蓄满了泪水。他走上前去，一言不发地牵起弟弟妹妹的手，一边一个紧紧地拽着，带着他们回到了自己的新房……

当天晚上，王泽海和妻子一起帮弟弟妹妹铺好崭新的被褥，安置他们睡下。小妹和王爱霞睡婚床，小弟睡在那半间小屋里的单人床上，而王泽海不得不到教工单身宿舍去借宿。临出门时，小妹含着眼泪对王泽海说："哥，对不起啊！"王泽海既心酸又欣慰，不敢停留半步，赶紧离开了……虽说事先打过招呼，但同事看到新郎官真的在新婚之夜在外借宿，还是感到非常意外。可听了王泽海简单的叙述后，大家都对他的深明大义感佩不已。

此后，只要小妹周末回家，王泽海仍然把婚床让出来，自己则到单身宿舍临时住上两夜。有一次，晚上突然降温，王爱霞不放心丈夫，便抱着一床棉被给他送过去，没想到竟然看到他在门外靠着墙抽烟。原来，王泽海因为被褥单薄，在床上翻来覆去怎么都睡不着。为了不影响同事，他只好爬起来，想到门外抽支烟再睡。王爱霞心疼极了，立刻抖开被子披到丈夫身上，然后紧紧地抱住他。两个人在寒夜中抱在一起，站了很久很久……

跪谢姐姐、姐夫：
这些年你们太不容易

王爱霞带着弟妹出嫁，虽说善良的丈夫没有一点儿怨言，但她心里还是非常愧疚，于是以加倍的爱来报答丈夫。对于年迈的公婆，她当作自己的父母一样来孝敬。结婚没多久，婆婆就生病住院了，王爱霞不顾自己工作繁忙，坚持给婆婆送了一个月的饭，而且只要有空就去医院亲自照顾。王泽海全家上上下下都对她赞不绝口。看着瘦弱的妻子为了照顾自己的母亲显得更憔悴了，王泽海深情地对她说："别人都觉得是你拖累了我，他们哪里知道，娶了你这么好的妻子，其实是我的福气啊！"

王泽海爱妻子，也爱妻子的弟弟妹妹，他尽心尽力地和王爱霞一起培养3个弟妹。当时夫妻俩的工资加起来才1000多元，交了几个弟妹的学费和生活费之后，就所剩无几了。王泽海没有半点儿怨言，他宁可自己吃得差一点儿、穿得差一点儿，也不让弟妹们受一点儿委屈。

1998年冬天，王爱霞怀孕了，行动不便，陪弟妹买衣服的任务就落到王泽海身上。有一次，为了给小妹买一双合适的鞋子，他在鞋店里挑了近一小时，最终选了一双100多元的旅游鞋。出门时，店老板向小妹抱怨："你爸爸挑得也太细了！"听了这话，望着姐夫的背影，小妹的眼里噙满泪水——的确，姐夫不仅是大哥，更像一位父亲！自从和姐姐结婚后，姐夫没买过一件像样的衣服，为了省钱，他连理发都在家里理；他只大自己10岁，却已经显得那么苍老，这都是被我们拖累的啊！

为了给弟弟妹妹攒学费，王爱霞夫妻俩只能趁着节假日和寒暑假补课赚钱。王爱霞在怀孕8个月的时候还坚持上课，脚肿得站都站不稳，她就写一会儿板书，再坐下来讲一会儿课，晚上还常常要批改作业到深夜。而王泽海也和她一样，辛苦工作，努力多挣哪怕一分钱。

1999年8月，王爱霞的女儿出生。既要照顾女儿，又要照顾弟妹，夫妻俩更累了，经济上也更紧张。这时，快要上高一的小妹提出不想读书了，要出去打工赚钱。王爱霞知道小妹这是想给自己减轻负担，于是批发回一箱馒头、小饼，让她在村里叫卖。整整一天下来，小妹只赚了6角钱。晚上回来时，小妹眼泪汪汪地说："大姐，我懂了，我不好好读书，将会是你一生的负担……"

不久，大妹大学毕业了，为了帮大姐挑起家庭的担子，她放弃了留在哈尔滨工作的机会，应聘到胶州市一家私立小学教英语。由于不是师范类毕业生，她只能以临时工的身份教学，每个月工资才500多元。然而大妹的选择非但没有卸下王爱霞的负担，反而让她又多了一份心事：一定要让大妹换一个好工作，有一份稳定的收入！可是无论她怎么劝说，以她为榜样的大妹就是不愿离开，坚持要为她和姐夫分担哺育弟弟妹妹的责任！

2002年8月，小妹以优异的成绩被湖北工业大学本科英语专业录取。得知这个消息的当天，王爱霞和丈夫高兴得半宿没睡着觉。

2003年春天，大妹所在的私立学校发不出工资来，王爱霞就把她介绍到自己所在的铺集镇小学担任临时代课教师。那时大妹已经结婚，来到铺集镇小学后，为了节省往返回家的20元路费，她星期一至星期五都吃住在大姐家。想到自己再次成了大姐的负担，为了以后让她少为自己操心，大妹又重拾书本，努力考研。2005年9月，她如愿考上了华中科技大学哲学系硕士研究生。得知这个喜讯，小妹也对大姐说："我也想考研究生，可我怕再拖累你和哥……"王泽海不等妻子开口，就抢先鼓励她："放心考吧！你书读得越好，将来就越有前途，才会真的不拖累我和你姐姐。你考到哪儿，我们就供到哪儿！"小妹感动得说不出一句话。眼见着二姐、三姐在大姐和大姐夫的帮助下越飞越高，小弟也非常懂事，学习成绩一直在班上名列前茅。

2006年6月，小妹王爱飞如愿考上湖北工业大学英语专业研究生。8月19日，小弟王帅也接到了湖北荆门职业技术学院的录取通知书。那天，王爱霞不禁抱着丈夫喜极而泣："最小的弟弟也考上大学了，我们这么多年的努力终于有回报了！"

过了3天，小妹从武汉回来后，王爱霞带着3个弟弟妹妹给父母上坟，她跪在父母坟前，流出了喜悦的泪水："爸、妈，弟弟妹妹个个都争气，全考上大学了，你们可以含笑九泉了……"她回过头，看到丈夫带着微笑默默地注视着自己。想到丈夫这么多年一直陪着自己把弟妹带大，王爱霞一把拉过小妹和小弟，对他们说："你们最要感谢的，不是大姐，而是你们的姐夫啊！他这么多年太不容易了！"小妹和小弟早已泪流满面，他们突然向大姐和姐夫齐齐跪下了！小弟说："哥，姐，你们为了我们吃了多少苦啊！我们开学后，你们又要为我们去找人借钱交学费了。等我和三姐读完书，我们一定努力挣钱，要让你们住上大房子，要让你们过上最好的生活！"

晚上吃团圆饭时，小妹拿出一条康乃馨图案的裙子，捧到王爱霞面前，不好意思地说："大姐，我现在还没有工作，只能用做家教赚的钱给你买一条裙子……"虽然只是一条裙子，但这是弟妹们的感恩之心啊！王爱霞立即欣喜地换上了。王泽海欣赏地看着妻子，说："爱霞，你真的很美！"王爱霞将丈夫拉到身边，轻声地对他说："泽海，我把过去的10年都给了弟弟妹妹；今后，我将把我一生剩下的时间全部给你，好好爱你一辈子……"

不管命有多苦!
前任婆婆为我常亮一盏灯

东晓

　　作为女人，贵州省三穗县的万喜芳似乎是天底下最不幸的女人：两次结婚，又两次被丈夫"休掉"；痛失亲人，举目无亲；遭遇强暴，又生下私生子……人世间最不幸的事情，似乎都无情地累积在了她一个人身上。

　　然而，作为女人，她又是万幸的！因为她的第一次婚姻让她遇到了一个世界上最好的婆婆——向以珍！在万喜芳一次次经历苦难的时候，她总能如天降神兵一样，救她于苦海之中，将所有的灾难从她身边赶开……

研究生丈夫闹离婚，

儿媳哭别好婆婆

今年30岁的万喜芳出生在贵州省三穗县格木乡农村。1994年，17岁的她考上凯里市卫生学校。1995年春，在一次老乡聚会上，她认识了来自三穗县和平镇的匡志军，当时匡志军在凯里市财贸学院念书，他俩一见钟情。1997年，万喜芳从卫校毕业，分配到三穗县格木乡卫生院。而匡志军则分到了三穗县城一家化工厂做会计，这让他很不得志，遂利用业余时间报考了上海大学金融专业的研究生。

1998年10月1日，万喜芳与匡志军举行了婚礼。婚后，万喜芳很支持丈夫考研。为了能让丈夫有个良好的学习环境，她在县城给丈夫租了一间安静的房子，让他专心学习。每天从乡卫生院下班后，她要骑着自行车赶十几里的路到县城给丈夫做晚饭。等丈夫吃过晚饭后，她再骑车回家，帮婆婆向以珍收拾家务。万喜芳的公婆都是和平镇小学的退休教师，公公自退休后，得了脑血栓行动不便，万喜芳总是不厌其烦地服侍公公吃药，陪他聊天。有段时间，向以珍感冒了，不能替老伴洗澡捶背，万喜芳就主动揽下替公公洗澡捶背的活儿。见儿媳妇如此孝顺，向以珍十分感动，逢人便自豪地说："俺有福啊！俺家的媳妇比亲闺女还亲！"

看着妻子为了家庭，在单位、县城、老家三点之间打转转，不到一年，整个人就瘦了一大圈，匡志军颇为心疼。他对妻子说："喜芳，等我考研成功，一定让你过上幸福的日子！"丈夫的动情表白，令万喜芳既感动又心疼，此后，她为丈夫跑得更起劲了。

有了妻子在背后做坚实后盾，匡志军没有让人失望。2000年7月，他考取了上海大学金融系研究生！消息传来，万喜芳泪流满面，几年心血终于有了结果，她怎能不激动呢？她暗自下定决心，一定要努力工作，供丈夫读完研究生！然而，令万喜芳隐隐不安的是，丈夫自考上研究生去上海读书后，对她的态度就渐渐冷漠起来，每次打电话回家，总是先叫父母接电话。偶尔跟万喜芳通一次电话，他也只是短短说几句就挂了线。这让万喜芳十分不安，她担心丈夫嫌弃自己。

果然，万喜芳的担心变成了事实。2001年7月，匡志军回家向她提出离婚。丈夫成才了就要休掉发妻，曾经的誓言变成了谎言，万喜芳心如刀绞。唯一令她感到欣慰的是，婆婆向以珍坚定地站在她这一边，坚决反对儿子离婚。然而，匡志军根本听不进母亲的劝告，他狠心地说："我和喜芳没有共同语言！我的心不在她身上，生活一辈子有意义吗？你们就饶过我吧！"

见婆婆气得脸色铁青，万喜芳担心婆婆气坏身体，忙装作轻松的样子，笑着对婆婆说："妈，您别生气，志军提出离婚，想必他心里也不好受。他有他的人生追求，我学历低，在沟通上确实存在问题。妈，您放心，我离婚了还会时常来看您和爸的！……"听了儿媳的这一番动情之语，向以珍忍不住流下了眼泪。

很快，匡志军就和万喜芳办理了离婚手续。离婚后，万喜芳回到格木乡卫生院上班。不久，她唯一的亲人——母亲卢润芬因病离开人世。失去亲人和离婚的双重打击，让万喜芳的心情灰暗到了极点。

2002年11月，万喜芳得知"前公爹"病逝。想到向以珍二老曾经对自己的好，万喜芳伤心得大哭一场。虽然自己跟匡家没有任何关系了，但与前婆婆向以珍的感情还在，她觉得自己应该去看望一下向以珍。11月18日，万喜芳来到向以珍家。让她吃惊的是，一年多不见，向以珍变得憔悴万分！而前儿媳的突然造访，让向以珍感慨万千，泪流不止。万喜芳难过地说："妈，这一年来，我都没来看您和爸，我让您失望了。"离了婚，万喜芳仍保持以前的称呼，令向以珍十分感动！得知万喜芳仍孤身一人，向以珍对她说："志军也还没有结婚呢，我劝劝志军，你们复婚吧！"从万喜芳的眼神中，向以珍看出她是想和志军复婚的。因此，向以珍暗下决心：一定要把自己的好儿媳重新接回家！

2003年4月的一天，万喜芳突然接到匡志军的电话，说母亲向以珍割脉自杀未遂，正在三穗县人民医院接受治疗……当万喜芳得知向以珍是为了逼儿子跟自己复婚，才以死相挟后，万喜芳既震惊又痛心！当天，她就赶往医院看望向以珍。见万喜芳来了，匡志军将她叫到一边，很明确地告诉她：想要复婚根本不可能，要万喜芳死了这条心！——母亲以死要挟，都没能让这个负心男人回头，万喜芳绝望了。她觉得自己太不自量力，如果当初不"默许"向以珍的好意，老人家又怎会有如此过激之举呢？

万幸的是，因为抢救及时，向以珍并无大碍。

第二天，匡志军给母亲办理出院手续后，就回了上海。万喜芳担心向以珍一个人在家里太孤单，就陪她回家，并打算小住几天，跟前婆婆谈谈心，让她不要再为自己复婚的事操心。万喜芳的孝顺，再一次打动了向以珍，她感慨地对万喜芳说："芳儿，我要是有你这样一个女儿就好了！可惜咱们没有缘分哪！"万喜芳哭着说："妈，您就当我是您的亲闺女吧，我会时常来看望您。这辈子咱们没有婆媳缘分，下辈子让我做您女儿吧！"

大难来临，
大义婆婆卖房帮助前儿媳

2003年8月，格木乡卫生院实行体制改革，万喜芳下岗了。8月12日，她南下广东省中山市打工，在老乡的帮助下，进入中山市小榄镇古基灯饰厂做工。不久，万喜芳与同为三穗县老乡的工友罗良才建立了恋爱关系。

然而，生活刚刚向苦命的万喜芳露出微笑，灾难就又马上降临了。2003年12月17日深夜，万喜芳加班后回出租屋的途中，在经过一条小巷时，遭到一个歹徒抢劫，并被强暴。事后，万喜芳跌跌撞撞回到出租屋，伤心欲绝！她想报警，但想到自己被凌辱的事如果被公开，男友将很难面对这个事实，而自己又实在不愿失去这段感情……左思右想，万喜芳决定将自己所受的凌辱深埋心中。

更令万喜芳惊慌失措的是，一个多月后，她没有来例假！她赶紧买来测孕试纸一测，结果显示自己怀孕了！万喜芳断定，这是自己那晚被强暴后留下的孽种。她买来打胎药，准备把胎儿流掉，但母性的柔爱却动摇了她流产的决心！恰在这时，男友罗良才提出趁春节回家的机会举办婚礼。最终，万喜芳选择了放弃流产，她侥幸地想如果结了婚，这个孩子生下来就光明正大了，只要自己不说，没有人知道这个秘密。

2004年春节，万喜芳跟罗良才在家乡举行了婚礼。婚后，丈夫在三穗县城租了间门面，夫妻俩一块儿经营服装生意。同年10月，万喜芳顺利地产下一个健康的男婴，取名真真。可是，每当看着丈夫逗着宝宝玩时一脸幸福的模样，万喜芳的心中就万分愧疚！

得知万喜芳再婚并且生了孩子，向以珍特地前来祝贺。此后，万喜芳也时常打电话问候向以珍，想到前夫匡志军不在母亲身边，向以珍一个人一定很孤独，万喜芳偶尔还会带上真真去看望向以珍。

转眼到了2007年1月，小真真已3岁了。几年间，靠着一间小小的服装店，万喜芳一家虽然不富有，但日子过得风平浪静。然而，这种平静的生活，因为小真真的一场大病，而彻底被打破了。

2007年1月18日。万喜芳在给真真洗脸时，意外地发现孩子的耳根有两处长有包块。接下来，真真出现持续性发烧、四肢无力等症状。罗良才赶紧将真真带到贵阳市第一人民医院检查。检查结果如同晴天霹雳，将罗良才夫妇惊呆了——真真患了淋巴瘤！医生告诉罗良才，如不及时治疗，随着患儿淋巴细胞病变增大，可压迫气管、食管、喉返神经而发生呼吸困难、吞咽困难，甚至会引发白血病。要想根治，只有进行手术治疗。得知费用至少需要10多万元后，罗良才急得一屁股坐到地上——家里的积蓄还不到2万元，到哪里去筹措到这笔巨额医药费呢？

接到丈夫从贵阳打回的电话后，万喜芳一时蒙了！清醒过来后，她以最快的速度转让掉服装店，然后向亲友借钱。然而，她的亲戚都很贫穷，万喜芳四处借遍了，总共才借到一万元钱。为了筹钱，她将父母留下的两间老屋也卖掉了，但离10万元手术费仍相差甚远。万般无奈之际，万喜芳想到了前婆婆向以珍。

2007年2月4日，万喜芳来到向以珍家，流着泪将真真的病情告诉了向以珍，希望她能看在昔日婆媳的情分上出手相帮一把。得知前儿媳妇一家陷入困境之后，向以珍为难地对万喜芳说："这些年来，志军读书花钱多，他参加工作刚结婚，我也没啥积蓄；但千难万难，咱们也要将孩子的病治好！"当即，向以珍就拿出3000元钱交给万喜芳。

接过婆婆手中的钱，万喜芳泣不成声。第二天，万喜芳将筹到的5万元钱给丈夫汇了过去，接着又心急如焚地四处求助。就在万喜芳一筹莫展时，大年三十那天早上，向以珍顶着寒风来到县城，找到万喜芳，从一个小提包里摸出厚厚一包钞票递给她说："这是5万元钱，你先拿去救孩子，以后再慢慢挣钱还我吧！"

向以珍的举动，令万喜芳既感动又吃惊！她用颤抖的双手接过钱，眼中闪着泪花儿，问向以珍："妈，这钱，您是从哪里借来的？"向以珍并没有告诉她这钱的来历，只是对她说："啥也别问了，救人要紧！在这个世界上，没有什么比生命更重要！"万喜芳哽咽着，扑通一声给婆婆跪下了："妈呀，您的大恩大德，我拿什么来回报啊？"向以珍把万喜芳扶了起来，充满怜爱地说："芳儿，怪只怪志军不听话，狠心把你抛弃，让咱们做不成一家人……"向以珍的眼泪扑簌而下。

万喜芳的疑问并非没有道理：向以珍是如何在短时间内筹到那笔巨款的呢？原来，为了帮助万喜芳一家，向以珍竟瞒着儿子将学校分给她的一间60多平方米的房子以4.9万元的价格卖掉，自己再添了1000元钱凑齐了这5万元钱！卖掉房子后，她只得回到当年与丈夫结婚时在乡下居住的那间老屋栖身。老屋离镇上有好几里路，生活条件比起以前差得太远了，但她并不后悔，她觉得这样的付出是值得的！在向以珍的鼎力相助下，真真终于捡回了一条命。

二度被休还有家，
是爱让我们不分离

2007年3月19日，真真康复出院。回到三穗老家的第二天，罗良才买了几大包礼物，带着妻子和儿子来看望向以珍！直到这时，万喜芳夫妇才得知，向以珍为了救真真，居然把自己的房子都卖了！在打听到向以珍如今所住的地方后，万喜芳夫妇赶紧又到乡下看望向以珍。见面的那一刻，万喜芳扑通一声跪到地上，流着泪说："妈，你卖了房子，志军知道吗？"向以珍竟笑笑说："他过年回来，见我把房子卖了，是有些生气，还赌气说不养我。那都是气话，芳儿，你不要放在心上。"万喜芳感激地看着昔日的婆婆，一句话也说不出来。

从向以珍家回来后，万喜芳的心情就再也无法平静。想到向以珍对自己恩重如山，而自己却无以回报，万喜芳感到十分惭愧。2007年3月26日晚，丈夫罗良才外出没有回家，万喜芳打算给真真洗澡后睡觉。在给真真洗澡时，看着儿子康复后的身体，她想到孩子的身世，忍不住掉下泪来，于是她再也控制不住自己的情绪对真真说："儿啊，如果不是当年那个坏蛋害我，就不会有你啊！你生下来就没有了爸爸，却拥有一个疼你爱你的好父亲；你患重病没钱治疗，却遇到了世界上最好的向婆婆。老天到底是在害我，还是在帮我呢？"

万喜芳万万没有想到，她的这番话竟被刚从外面回来的罗良才听了个清清楚楚！当即，他就咆哮着质问妻子：到底谁才是真真的亲生父亲？万喜芳吓呆了！她知道，秘密再也瞒不住了！万般无奈，她只得流着泪向丈夫坦白了自己曾遭人强暴的痛苦经历。然后，她跪在丈夫面前，苦苦哀求道："老公，对不起，我自私地留下孽种，让你受委屈了！但那也是一条命啊！真真的生父哪怕十恶不赦，可孩子并没有错呀！"

当成宝贝养的儿子居然是别人的骨肉，做了4年"顶缸父亲"的罗良才气得狠狠地抽了万喜芳几个耳光，他骂道："你让我蒙羞不说，还让我为了这个孽子倾家荡产，你真不要脸！我要跟你离婚！"

3月29日，罗良才决绝地跟万喜芳离了婚。

再次离婚后，万喜芳含泪带着儿子离开了罗家。为了救儿子，她把娘家的老屋都卖掉了，没有了容身之所。万喜芳经过再三考虑，决定带着儿子去广东打工。在临行前，她决定去看望一下向以珍，告知这位善良的前婆婆，自己一定会通过打工挣钱来还清欠向以珍的债务。

2007年4月2日，万喜芳带着真真来到向以珍家，把她跟罗良才离婚的原因和自己准备去打工的打算告诉了向以珍。向以珍没想到，万喜芳竟隐瞒着这么大的秘密跟罗良才生活了这些年，忙安慰她道："芳儿，你的命太苦了，那笔钱你就别还了！人生哪能没有沟坎呢？只要咱翻过去了，前面的路就好走了！"万喜芳感动得只是一个劲地哭。接着，向以珍拉着万喜芳的手，认真地说："你回来住吧，这里永远都是你的家。"见万喜芳沉默，她又说："你别有顾虑啊，在我心中，你早就是我的干女儿了！"说着，她一把将真真抱起来，说道："真真，以后就叫我外婆吧！"懂事的真真立马稚声稚气地叫了一声"外婆"。看着"婆孙俩"亲密无间的样子，万喜芳不由得笑了，眼里闪烁着幸福、感恩的泪花。

得知万喜芳还是要坚持去广东打工，第二天，向以珍特地张罗了一桌菜，请了左邻右舍，一来是为万喜芳饯行，二来算是收认她做干女儿的"认亲仪式"。从此，万喜芳在向以珍面前，从过去的"儿媳"变成了如今的"女儿"。

2007年4月20日，万喜芳依依不舍地离开了家，登上了开往广东中山的长途客车。她希望通过打工挣钱来还清那笔钱，让前夫匡志军能原谅母亲。在向以珍的坚持下，她打消种种顾虑，将真真留在了向以珍身边。她想妈妈一个人挺孤单，真真陪在她身边有个伴也好。

日前，记者怀着敬重的心，采访了向以珍这位可敬的老人。老人说，她要给真真找一个好爸爸，让这对可怜的母子重新拥有一个温馨、幸福的家庭。

天堂里的养母你放心，
我会带着5个傻子亲人出嫁

马乐

这是一个特殊的家庭：谢珍8岁时父母双亡，被好心的养母收养。在谢珍15岁那年，养母因病去世，临终前将家中的5个智障人——疯爹和4个傻哥哥托付给她，让她一定要照顾好他们。年幼的谢珍在养母的病床前郑重地点了点头。就是为了这一承诺，谢珍含辛茹苦支撑起了这个风雨飘摇的家。到了谈婚论嫁的年龄，谢珍开出的择偶条件，竟然是要带着疯爹和4个傻哥哥出嫁。如此"苛刻"的条件，让很多追求她的青年纷纷望"疯"而逃……

如今，30年的韶华悄悄流逝，当年的少女已满脸沧桑，但是承诺依然在心。看完这份她用善良和孝心演绎的人间大爱，谁能无动于衷？谁不热泪盈眶？

一诺千金，

养女自愿带着5个傻子出嫁

45岁的谢珍是黑龙江省明水县育林乡远大村人。在她8岁那年冬天，父母先后进入菜窖去捡土豆，结果因一氧化碳中毒双双离世，谢珍成了孤儿。同村的李秀荣见她孤苦无依，好心收养了她。

到了养母家后，谢珍才发现，这哪里像一个家呀？用茅草苦的土墙房四壁透风，家中没有一件像样的家具；土炕上四五个傻子挤成一堆，好像在抢什么东西吃。李秀荣将谢珍往他们面前一领，像个将军似的下命令道："以后她和我们就是一家人了，你们谁都不许欺负她！"一位头发上粘满稻草的老人跳下炕来，围着谢珍又笑又跳，大声说："嘿嘿，我们不欺负她，嘿嘿……"李秀荣对谢珍说："闺女，这是你爹，整天疯疯癫癫的，别理他！"

小谢珍花了整整一个星期，才将家中的几个傻子辨认清楚：老大谢州卜，能吃能喝，力气也大，是母亲的得力助手；老二谢州奇最傻，每天往窗下一坐，嘴里流着口水，饿也不知道要东西吃；最让人操心的是老三谢州涛，说他傻又没傻实心，说不傻又尽干傻事，常常被村里的孩子唆使去偷鸡摸狗，扰得四邻不安；老四谢州罗患有先天性心脏病，每天待在家里很少出门……

第二年7月，李秀荣用花布给谢珍缝了个新书包，把她送到学校去念书。虽然家里穷，但李秀荣对养女十分疼爱。然而，这样受宠的好日子，谢珍并没过上几年。

1978年10月18日，当时谢珍15岁，李秀荣终因积劳成疾，加上严重的肝腹水去世了。临终前，李秀荣把谢珍叫到病床前，流着泪对她说："苦命的孩子，妈妈不能再照顾你了。家中这5个傻子，你一定要替我照顾好……"谢珍泣不成声地说："妈，我会照顾好他们的！"听完这句话，李秀荣含笑闭上了眼睛……

养母去世后，邻居们帮着谢珍把李秀荣安葬了。操办完养母的后事，谢珍擦干眼泪，坚强地操持起家务。她知道：从今天起，自己就不再是一个小女孩了。从此，每天天一亮，谢珍就起床做家务，像个小妈妈一样做饭给几个傻子吃，然后带着大哥到队里去干活挣工分。

一天中午，队长让人送来一锅煮熟的土豆给社员当午餐。有几个年轻人戏弄谢州卜说："谢老大，听说你很能吃，你要是能一口气吃下这锅土豆，我们就服你。"谢州卜不服气地说："我能吃。"说完，他端过一锅土豆就猛吃起来。等到谢珍发现时，一锅土豆已被他吃得差不多了。她只见大哥脸色发青，眼睛往外鼓，坐在那儿直喘粗气。谢珍扑通一声给大伙跪下，恳求道："我求求你们可怜可怜他吧，别再戏弄他了。他傻，啥也不懂啊！"

每天晚上回家，谢珍还要喂猪、洗衣、做饭，侍候疯爹和四个傻哥哥吃饭。二哥谢州奇虽然不惹事，但每天围着被子坐在炕上，屎尿也拉在炕上。所以，谢珍回到家中的第一件事，就是给二哥换衣服，洗被子。做完这一切后，她才能腾出手来，服侍患有先天性心脏病的四哥谢州罗服药。傻哥哥们穿衣服也不知道爱惜，每天都有衣服被扯坏。谢珍就在灯下，一针一线地给他们缝补。她的手指常常被针扎破，血迹和泪水沾满衣裳。邻居们都说，谢珍一天的磨难就够别人受一年的了。

到了1982年春天，19岁的谢珍在苦难中长成了一个亭亭玉立的大姑娘。村里人都说，谁要是能娶到谢珍，谁准有福。不少小伙子爱慕她的美丽、贤惠和善良，纷纷请媒人来提亲。有一次，一个媒人受人之托找到了谢珍，说男方家条件很好，比谢珍大两岁，希望谢珍能考虑一下这门亲事。谢珍听了，有些心动，如果能嫁入他家，以后的生活就有保障了。可是，家里这5个疯傻人怎么办呢？难道眼看着他们衣不蔽体到处捡东西吃吗？不能，绝不能！这样的话，母亲在天堂也不会原谅我的！于是，她提出要带着她的疯爹和4个傻哥哥"陪嫁"，否则，就是有金山银山她也不嫁。媒人听了，愣了半天才劝她说："闺女，你也要为自己想一想啊，谁娶你想带上这些累赘呀！"谢珍对媒人说："我当年向我妈保证过，无论我走到哪儿，都会把他带到哪儿，一个都不会扔下！"由于她的条件太"苛刻"，男方家接受不了，媒婆只好摇了摇头，叹了口气走了。

孝义感天动地，

痴情男儿入赘寒门

谢珍要带上疯父亲和傻哥哥们出嫁的消息传出后，许多对她心生爱慕的年轻人纷纷望"疯"而逃，她也为此错过了几桩好姻缘。但谢珍并不后悔，她相信总有一天，会有一个懂她、爱她和理解她的人娶她的。

每年秋天，是农村最忙也是最累的季节。谢珍白天要到地里干活，回家还要照料疯父亲和4个傻哥哥。每天这样连轴转，就是铁人也熬不住啊！终于有一天，谢珍冒雨收完玉米后病倒了——发高烧，流虚汗，浑身绵软无力，一回家就晕倒了。也许是老天有眼，在一个风雨交加的夜晚，一个青年敲开了她家的门……

这个青年叫蔡普蕴，他年幼时，跟随亲戚从河南省兰考县许河乡逃荒来到远大村，后来在村里办了个小学，当起了民办教师。一直以来，蔡普蕴就被谢珍的善良和刚强深深打动着。这几天，蔡普蕴在村里都没有看到谢珍的身影，倒是见到她的几个傻哥哥，衣不蔽体地在人家门口捡东西吃。他心想，谢珍可能是生病了，要不然，再苦再累她也会把这几个傻子照顾好的。蔡普蕴实在放心不下，就大胆敲开了谢珍家的门。

蔡普蕴一进屋，就被眼前的情景惊呆了——灶台上的锅已锈迹斑斑，土墙房四处透风，南炕上挤着4个疯傻男人；谢珍躺在北炕上满头冒虚汗，痛苦地呻吟，老三谢州涛还拿着一把破扇子不停地给她扇风……蔡普蕴看着眼前的这副惨景，心被强烈地刺痛了。此时，已病得有气无力的谢珍，用无助的眼神看着他。也是吃百家饭长大的蔡普蕴，内心深处顿时升起无限怜惜，他轻轻安慰谢珍道："别担心，有我在，会没事的！"

蔡普蕴马上抱来柴火，先把炕烧热，又给几个傻子简单做了一顿饭，照顾他们吃了。然后，他用棉被将谢珍裹紧背起来就直奔乡卫生院。医生检查完后，告诉他说，谢珍患的是肺结核，再晚来一步就危险了。医生给她注射了青霉素，高烧才慢慢地退了。在蔡普蕴的精心照顾下，谢珍的病终于痊愈了。

回到家后，谢珍紧紧地攥着蔡普蕴的手，费了很大劲才说出一句："蔡大哥，如果你不嫌弃，就别走了！这个家的担子太重了，我已经担不起来了呀！"说完，谢珍一头扎进蔡普蕴的怀里，呜呜哭泣起来。蔡普蕴用手抚摸着谢珍乌黑的头发，说："我不走了，有什么困难，咱俩一起扛吧！"

1983年5月1日，蔡普蕴和谢珍成亲了。这个消息没一袋烟工夫就在远大村传开了。人们想不明白，蔡普蕴娶谢珍是图什么，她家中的5个疯傻病人可是大累赘呀！人们说得没错，有一天，谢珍把米放到锅里，又忙着切菜，她腾不出手来，就让三哥帮忙点火生灶。可傻老三抱来柴火，点着火之后，他不是把火塞进灶里，而是将外屋苫房顶用的玉米秸点着了。等谢珍发现时，火势已蔓延上了房顶。谢珍忙着喊人救火，傻老三却拿着柴火又点着了屋里的稻草，还又蹦又跳地喊着："好玩！好玩！太好玩了！"

好在乡亲们及时赶到，大火被扑灭了。可是，谢珍家的房顶被火烧了几个大窟窿，房间里的被子、家具等全都烧坏了。谢珍看着家中一片狼藉，气得摸起一根棍子就要朝三哥劈头盖脸打去，可她看着三哥连躲都不晓得躲的傻样，心又软了，一屁股坐在地上大哭起来。这时，蔡普蕴将妻子扶起来，安慰道："烧了就烧了，旧的不去，新的不来，我们再盖一间新的吧！"

一个月之后，在众乡亲的帮助下，蔡普蕴和谢珍将原来的老房子推倒，借钱在原来的地基上盖起了一间带堂屋的新房。他们将4个傻哥哥安置在西间里，又将东间隔成里外两间，里间他们夫妻俩住，外间留给疯父亲。有了新房后，家中的五个傻子各居其所，生活有了短暂的平静。

天堂里的养母：
女儿没有辜负您的重托

为了尽快还清盖房欠下的债务，蔡普蕴还学会了刻字和修理钟表，趁农闲时背上工具箱走村串户做生意。逢年过节，他时常为乡亲们写个春联什么的，在村里人缘越来越好。

同村一个媒婆想给不是很傻的谢老大说门亲事，女方患有小儿麻痹症，但家境不错，谢珍听了便有点儿动心。相亲那天，谢珍特地给大哥收拾打扮一番，还教了他一些"诀窍"，让他到了女方家，不要主动开口说话，人家问什么就答什么。谢州卜听懂了，满口答应。到了女方家，女方母亲问："你多大岁数了？" 谢州卜答："我也不知道。"又问："在家都能干啥活呀？"他又答："他们让干啥就干啥呗！"再问："想不想娶老婆呀？"他嘿嘿一笑答道："啥叫娶老婆呀？"弄得女方家人哭笑不得。中午吃饭时，谢州卜看到满桌子饭菜，伸手就抓，不一会儿，他就把一桌子饭菜全给消灭了。吃完他还说："娶媳妇真好，有这么多好吃的！"自然，这门亲事黄了。此后，谢珍再也不敢动给傻哥哥们娶老婆的念头了！

　　1984年10月，谢珍怀胎十月，孩子就要出生了。为了给怀孕的谢珍补充营养，蔡普蕴就杀了一头自家养的猪。卖了一部分后，他将剩下的肥肉炼成了猪油。谁知道，傻老三谢州涛竟然趁家里没人时，偷拿出一坛十几斤重的猪油，与一个卖麻花的小贩换了两根麻花吃。要不是蔡普蕴发现得早，把猪油追了回来，几个月的食用油就没了。

　　这还不算，更气人的是，在那物资匮乏的年代，蔡普蕴走东串西，好不容易才攒到80多个鸡蛋，准备给谢珍坐月子时吃。有一天，蔡普蕴外出干活回来，一看，篮子里的鸡蛋少了一半。蔡普蕴心想，准是让老三给偷吃了。他一追问，果然是老三偷出去和村里的一帮孩子煮着吃了。蔡普蕴气不打一处来，真想扇他几记耳光，可一想到他毕竟是个傻子，只好强压下无名之火。谢珍见丈夫气呼呼的，只好安慰他说："算啦，他就一傻子！房子他都敢给你点着了，几个鸡蛋还能咋的？就当我少吃几个吧！"

　　谢珍照顾傻子们要操心，可看护疯养父更是劳神。精神失常的养父有时出去疯跑，见人就骂，有时还拿东西砸人家的玻璃。有一次，也不知道他受了什么刺激，脱得一丝不挂地到处乱跑，见了谁家的门开着就钻进去。谢珍和蔡普蕴得知后，就不顾一切地把他往家里拽，父亲一边挣扎，一边对他们拳打脚踢。蔡普蕴的身上更是被疯岳父打得青一块紫一块的。谢珍看了，感到非常愧疚和难过。蔡普蕴便开导她说："老人这一辈子够可怜的，打就打两下吧，终归他是我们的亲人哪！"

　　1987年的夏天，谢珍的疯养父一病不起，高烧39℃，打针吃药都不见效。谢珍不分昼夜地守在病床前，这一侍候就是半年多。然而养父最后没能挺过来，去世了。谢珍将疯养父安葬在养母的坟旁。在养父的葬礼上，谢珍跪在养母的坟前，泣不成声地说："妈，女儿对不起您啊！是我没有照顾好父亲，请您原谅女儿吧！"听着谢珍的哭诉，在场的每个人都感动得热泪盈眶。邻居们扶起谢珍，感动地说："闺女，节哀吧！你已经尽力了。就是亲女儿亲姑爷，也未必能做到这一步呢！"

由于谢珍的4个傻哥哥啥也不懂，成了村里孩子们搞恶作剧的对象，甚至还闹出大事来。

1990年冬天，傻老四谢州罗被一群孩子骗到变压器下，让他爬上去掏鸟窝，说掏到鸟蛋就煮给他吃。谁料，老四刚爬上去，就碰到了高压线，当即就被电死了。看到被烧成焦炭的四哥，谢珍痛哭失声。为了让剩下的3个傻哥哥少遭点罪，谢珍挨家挨户下跪求情，哭着请求乡亲们管教好自家孩子，让他们别再祸害她的3个傻哥哥了！

1998年秋天，谢珍的二哥谢州奇病倒了，全身浮肿，吃不进饭也排不出尿。蔡普蕴和谢珍把二哥送进了明水县人民医院。医生检查后说："病人双肾基本坏死，不做换肾手术的话，时间不多了。"谢珍一听傻了！别说一下子找不到肾源，就是找到了，20万元的巨额手术费他们也承担不起呀。从医院回来后，谢珍每天侍候着傻二哥。出院半个月后，谢州奇就离开了人世。

2007年10月，最让谢珍操心的三哥谢州涛也因肺病去世。三哥是她的几个哥哥中傻得最轻的一个。临终前，他竟然拉着谢珍和蔡普蕴的手说："你们是……好人！"说完，一串泪水从他眼眶里涌出来。满屋子的人看了，都感慨地对谢珍夫妇说："从没看过谢老三哭呀，看来，你们两口子真是做到家了！"送走傻三哥后，谢珍的心仿佛被击碎了，她更加觉得对不起养母。蔡普蕴见妻子悲恸欲绝，宽慰她说："我们已经尽力了，这些年来，你的付出连傻三哥都感动了！母亲不会怪你的！"在丈夫的劝说下，谢珍才慢慢从悲痛中走出来。至此，谢珍已为养父和三个哥哥养老送终。为了养母的一句嘱托，谢珍品尝了常人难以想象的苦难，但她并不后悔。

2008年2月21日，黑龙江省明水县妇联主席吕艳华、县残联主席王喜元等领导来到谢珍家中慰问。王喜元还亲手将一块由明水县残疾人联合会颁发的"蔡普蕴、谢珍一生助残模范"的牌匾，挂在他家堂屋的墙上。吕艳华紧握着谢珍的手，感激地说："建设和谐社会，离不开你们夫妻这样富有孝心和爱心的人啊！你们不求回报的奉献精神，是一笔巨大的社会财富！"

如今，45岁的谢珍和已经68岁的大哥谢州卜仍然相依为命。隔三岔五地，谢珍就要给大哥做些好吃的，还亲手给他洗衣服，并让儿子给大舅洗澡……虽然大哥总是默默无语，但从他安详的神态可以看出，有一份温暖正在他的心中升腾。一诺千金，30年的岁月随风而逝，谢珍无怨无悔，用自己的善良履行了自己的诺言。岁月无痕，但它能记住人情的冷暖；真爱无言，却能焐热北国的寒冬……

惨案过后，被刁蛮女儿赶走的继母回来啦

——一位伟大继母写就的爱心篇章

张瑜

这是两种不同母爱在同一个女儿身上的较量！

一个初涉人世的女孩，在父母离婚后，跟随父亲一起生活。在生母的唆使下，她处处与继母作对，两年来水火不容，直到千方百计将继母逼出家门。这时，不幸突然降临，女孩的父亲被人刺死，她也身中21刀，生命垂危。此时，狠心的生母竟置女儿生死于不顾，而那个含泪出走的继母，却出现在她的病床前……

爱是最伟大的力量，她可以化解人间的一切误会、仇恨和诅咒，让人性之花在生命的悬崖上盛开！本文中这位大义继母的故事，让2007年的冬天暖意融融……

生母教唆，

无知女儿要将继母逼走

陈琳1986年出生在新疆阿图什市的一个市民家庭，父亲陈正军是市水电局的工程师，母亲赵兰在一家事业单位做文员，一家三口的生活曾经其乐融融。

2004年9月，18岁的陈琳考入新疆大学软件学院。令她震惊的是，收到录取通知书那天，母亲赵兰郑重其事地对她说："琳琳，有件事我想告诉你，希望你能有个心理准备——我要和你爸爸离婚，你想跟谁过？"见母亲说得如此认真，丝毫不像开玩笑，陈琳呆了！

2004年11月20日，无论陈琳怎样哭闹，陈正军和赵兰还是去民政局办理了离婚手续。原来，陈正军与赵兰因家庭琐事经常争吵，夫妻感情早已破裂。两人协议，等女儿考上大学就离婚，房子给赵兰，陈琳跟随陈正军生活。离婚后，赵兰卖掉房子，辞去工作，只身前往乌鲁木齐谋生去了；陈正军则租了间民房居住。

不久，陈正军因工作关系结识了在阿图什市政府机关工作的王羽芳。两年前，王羽芳的丈夫在一次车祸中丧生，留给她和女儿林灿一套两室一厅的房子。认识离异的陈正军后，两人情投意合，开始频繁往来，感情迅速升温。相恋4个月后，他们去民政局领了结婚证。在他们举行婚礼那天，陈琳觉得自己像一个被遗弃的孤儿，躲在大学宿舍里痛哭流涕。她把所有的怨恨都集中到继母身上。

赵兰听说陈正军这么快就结婚了，心生怨恨。她打电话跟女儿说："破坏咱们家庭的'第三者'，就是和你爸爸结婚的那个女人，你千万不要饶过她……"陈琳对母亲的话信以为真。

婚后，陈正军住进了王羽芳那两室一厅的家。他还与王羽芳商量好了，等陈琳假期回来，就让她和林灿同睡一张床，林灿对此安排没有异议。可陈琳放假后，宁愿住在乌鲁木齐的姑姑家，也不愿到父亲的新家去。

2006年寒假，陈琳因要拿学费，极不情愿地来到父亲的新家。王羽芳见陈琳进门，赶紧拿过拖鞋，热情地说："琳琳，赶快换鞋，我已做好饭菜等你回家呢！"可陈琳像没听见一样，对她不理不睬。陈正军走过来说："琳琳，以后我们就是一家人了，快叫妈妈！"陈琳没好气地说："我妈叫赵兰。她是个坏女人，我凭什么叫她妈？"陈正军见女儿如此无理，怒不可遏，扬起手想打她，但被王羽芳拦住了。晚上，比陈琳小两岁的林灿正在房间复习功课。陈琳进去要睡觉，林灿叫了声"姐姐"，可陈琳瞪了她一眼，就乱扔房间里的东西，林灿只得到客厅去学习。这本是她俩共同的房间，陈琳却把整个床给占了，王羽芳只得安排林灿睡在沙发上。

第二天，林灿就住到外婆家去了。成功赶走"妹妹"后，陈琳下一步就是对付王羽芳了。赵兰多次打电话给陈琳，教唆她道："你时刻要记住：我才是你的亲妈！那个女人最坏了，你一定要替妈妈报仇……"陈琳牢记母亲的话，从来不叫王羽芳"妈妈"，要么直呼其名，要么以"喂"相称。陈正军为此伤透脑筋。

整个寒假，只要陈正军不在家，陈琳就想尽办法让王羽芳难堪。可是，王羽芳不跟她计较，还对她更加宽容。王羽芳多次对陈琳说："你现在年轻，大人的感情问题你还不懂，希望将来有一天，你能体谅我和你爸爸……"但陈琳依然故我，时时刁难继母。

抱着将继母赶走的心态，陈琳一反常态，只要有机会就"回家"。见陈琳愿意回家了，王羽芳很高兴，把她换下的衣裤洗干净后，叠好放在她的床头。可王羽芳才一转身，她又将衣服扔得遍地都是。王羽芳的身体比较胖，患有轻微的心脏病，怕吵。半夜时分，陈琳就故意将家庭影院的音量调大，放劲爆的迪斯科乐曲，吵得她无法入睡。王羽芳气得直哆嗦，却拿她无可奈何。

2007年6月，陈琳大专毕业后，王羽芳托关系帮她在阿图什市委找了一份工作。可陈琳宁愿待在家里上网，也不愿意去单位上班。一天晚上，陈琳偷偷在王羽芳的外套后面用红笔写了几个大字：我是第三者！第二天，王羽芳匆匆忙忙穿上外套就去上班了。一路上，她发现有人对她指指点点；等她走到单位，同事们一个个惊奇地看着她，有人还意味深长地坏笑。王羽芳脱下衣服一看，气得浑身发抖，掩面而泣……

王羽芳心寒了！快3年了，她对陈琳一再宽容、忍让，并努力去爱她，可陈琳竟然对她如此怨恨。回到家后，王羽芳哽咽着对陈正军说："老陈，对不起！尽管我很爱你，但我们还是分手吧！"陈正军一再询问，才得知女儿做的"好事"。他狠狠地掴了女儿一记耳光。王羽芳见状，赶紧拉住他道："老陈，你千万别这样，不要因为我，伤害你们父女感情……"为了缓和与陈琳的关系，王羽芳决定暂时回娘家去住。王羽芳前脚刚走，陈琳后脚也出了门，连夜去了乌鲁木齐的姑姑陈小玫家。

女儿生命垂危，生母不管继母全力拯救

2007年7月4日，陈正军接到远在乌鲁木齐的妹妹陈小玫的求救电话："哥哥，张军最近天天来骚扰我，闹得邻居也不安宁。你快来帮帮我吧！"

两年前，陈小玫经人介绍，谈了个男朋友张军。相处没多久，她发现张军性情暴戾，为人偏激，于是向他提出分手，可张军一直对陈小玫纠缠不休。陈正军先后多次打电话警告他，但张军并不买账，还威胁道："老子警告你，你再敢干涉我们恋爱，我就砍死你！"接到陈小玫的电话后，陈正军当即准备去乌鲁木齐。临行前，王羽芳叮嘱丈夫道："去了有话好好说，不要动粗。"

7月5日早上，陈正军下火车后，直奔陈小玫在乌鲁木齐经济开发区锦苑小区的家。张军听说陈正军来了，就在陈小玫的楼下叫嚣，要陈正军出面解决"问题"。陈正军见对方来势汹汹，恐有不测，就没有出去。

下午一点半，张军开始砸陈小玫家的窗户，陈正军忍无可忍，赤手空拳冲了出去。陈琳怕父亲出事，也跟着跑出去。在争执中，早有准备的张军拔出尖刀，朝陈正军连捅了几刀，陈琳也被刺成重伤，倒在了门洞内……陈小玫听见外面有厮打声，开门一看，只见哥哥和侄女浑身是血，倒在地上一动不动。陈小玫哭着拨打120急救电话。张军手持带血的尖刀又向陈小玫扑过来，陈小玫吓得转身奔逃。她一口气跑到附近的石油新村派出所，值班民警迅速将尾随而至的张军制服……

当120救护车赶到时，医护人员检查发现，陈正军已当场死亡。陈琳身中21刀，其中肝部、肺部各2刀，胃部3刀，右手臂3刀……下午2点，深度昏迷的陈琳被急救车送到附近的解放军474医院紧急抢救。

当晚10点，远在阿图什市的王羽芳突然接到陈小玫的电话，悲恸欲绝，匆忙坐火车赶往乌鲁木齐。当她赶到解放军474医院时，陈正军已被停放在太平间。王羽芳扑到陈正军身上，抚摸着丈夫冰凉的身体，哭得死去活来。昨天还活生生的人，怎么说走就走了啊！

　　陈小玫追悔莫及，跪在王羽芳面前，声泪俱下地说："对不起，嫂子！你骂我、打我吧！是我害了哥哥和琳琳！"提起陈琳，王羽芳忽然缓过神来。陈琳可是丈夫的命根子啊！现在丈夫走了，不能让女儿也跟着去！想到这儿，她冲到重症监护室门口，要进去看女儿。医护人员拦住并告诉她，陈琳经过12小时的抢救，病情还没稳定下来，随时会有生命危险。王羽芳一下跪在医生面前说："请你们一定救救我女儿，我已经失去了丈夫，不能再失去女儿啊！"医生扶起她说："你放心，我们一定会竭尽全力救她的，你先把5万元手术费交了。"医生告诉她，可能还得十几万元治疗费。

　　王羽芳听了，心里直发愁，她哪有那么多钱啊？家里目前只有3万元，那还是她为即将上大学的林灿省下来的。见嫂子急得团团转，陈小玫说："嫂子，我们一起想办法。"王羽芳知道陈小玫每月仅600元的工资，于是拼命地摇头。陈小玫忽然说："我去找陈琳的妈妈，她一定会救女儿的！"她的话让王羽芳看到一线希望。

　　然而，当赵兰听说前夫被人杀死，女儿陈琳也身受重伤正抢救时，竟冷漠地说："我现在自身都难保，哪还有钱管你们陈家的事……"她不但不愿出一分钱，还责怪陈小玫说都是她惹的祸……王羽芳听了，感到一阵透心寒。陈琳可是她的亲生女儿呀！哪有母亲连自己女儿的生命都不在乎？沉默片刻后，王羽芳镇定地说："她不管，我来管！我们一定要救活琳琳！"

　　突然遭此变故，家里已经乱成一团。王羽芳强迫自己镇定下来，她安排陈小玫照顾陈琳，自己赶回阿图什市，连夜向几个亲友借了5万元钱。回乌鲁木齐后，她先到医院把陈琳的医药费交完，又赶到火葬场把丈夫遗体火化。在丈夫的骨灰盒前，她哭得死去活来："正军，你安心地走吧！就是倾家荡产，我也要救活琳琳……你就安息吧！"

卖房救女，大义继母感动新疆

　　王羽芳日夜守护在陈琳的病床前，几个夜晚没有合眼。在医生的抢救下，陈琳的病情总算稳定下来，但仍处于深度昏迷中……

　　3天后，陈琳终于从昏迷中苏醒过来。她嘴唇嚅动着，似乎有话说，表情极为痛苦。王羽芳从陈琳的口型知道她想说"爸爸"二字，但担心陈琳知道她爸爸去世了，

过度悲伤，会使病情加重，于是安慰她说："爸爸没事，只是伤比较重，现转到自治区人民医院去了。"陈琳见照顾自己的是继母，便把头扭到一边，闭上眼睛昏睡。

那些天正是新疆最热的时候。为了防止陈琳的伤口发炎，王羽芳每天都用药水擦洗伤口后，再敷上药。每隔一段时间，王羽芳还要为她清理从导尿管里排出的尿液。她就像照顾自己的亲女儿一样，丝毫不嫌脏和累。

一周后，陈琳的伤势略为好转，但仍然无法说话。由于她的肺部被刀刺伤，呼吸困难，有时痰吐不出来，噎在喉咙里极为危险。一天，王羽芳见陈琳又被痰噎住了，脸涨得通红，碰巧这时值班医生走开了，情急之下，她弯下腰捧着陈琳的脸，嘴对嘴地帮她吸了出来。

陈琳的胃部受伤最严重，但经医生缝合后恢复良好。为了补充营养，医生建议喂她吃一些流体食物。王羽芳就在陈小玫家里煲了清粥带到医院来，将米粒过滤后，把米汤喂给陈琳喝。陈琳见是继母喂自己，拒绝吃饭，还把粥打翻了，弄得满床满地都是。王羽芳没有责怪她，默默地收拾干净……

7月17日，几个值班护士以为陈琳睡着了，就轻声谈论起陈琳家的事。一个护士说："这个女孩真可怜，父亲去世了，生母听说她伤成这样，连看都不来看一眼，幸亏有个好继母……"陈琳得知父亲已去世，生母又抛弃自己，不禁悲从中来。她好几次偷偷拔掉输液的针头想自杀，都被护士及时发现。王羽芳深情地劝她说："你爸爸走了，我跟你一样痛苦。但是，我答应你爸爸要照顾好你，所以你必须好好接受治疗！"

这时，已经能够说话的陈琳，看着继母憔悴的脸，难过地说："我曾经那样对你，你为什么还要救我？"王羽芳抚摸着陈琳的手说："我们是一家人，我不管你谁管你？今后你就是我的女儿，希望你能接纳我这个妈妈！"陈琳听了，两行悔泪悄然滑落……

此后，在王羽芳的悉心照料下，陈琳的病情一天天好转。可是，王羽芳存折里的3万元钱很快又用完了。面对护士送来的一张张催款单，王羽芳一夜之间愁白了头。为了节省开支，王羽芳连盒饭都舍不得买来吃，每到吃饭时，她就背着陈琳，就着咸菜喝点儿陈琳吃剩的粥。一个月下来，本来心脏就不太好的她更吃不消了，经常感到头昏眼花，爬楼梯时，走不了几步就气喘吁吁……

8月初，王羽芳的女儿林灿高考中榜，收到了新疆大学的录取通知书。女儿的学费和生活费，又是一笔不小的开支。这一切，像一块大石头沉甸甸地压在王羽芳的心上。她考虑再三，决定卖掉房子，给琳琳治病。

8月12日，王羽芳回到阿图什市，拿着房产证找到一家房屋中介，准备卖房子。林灿得知后，死活不同意。她说："你在医院照顾她已经够了，还要卖掉房子救那个'白眼狼'？你就忍心让我流落街头吗？"王羽芳听了，心里涌起万般酸楚。王羽芳的哥哥也打电话来劝她说："你现在已经欠下几万元债务了，还要卖房子？你们娘俩以后住哪里？"王羽芳流着泪说："钱没了，可以再挣；房子没了，可以租房子住。可陈琳是正军唯一的血脉，我难道眼睁睁地看着她死吗？"中介公司得知王羽芳卖房子是为了救命，很快帮她找到买主，双方迅速以13万元成交。为此，女儿林灿气得跟母亲闹翻了。

当陈琳得知继母为了救自己，竟然卖掉了她们赖以栖身的房子，既感动又愧疚！一天晚上，王羽芳给陈琳擦净身子，正要转身去洗脏衣服，突然听陈琳怯怯地叫了声："妈妈！"王羽芳回过头来，见陈琳眼角挂着泪水。"妈妈，对不起！我曾经深深地伤害了您……我知道我错了！从今往后，您就是我的亲妈妈！"继女终于肯认自己了！王羽芳将陈琳搂进怀里，激动地说："女儿，我的好女儿！过去的事就别再提了，以后我们就是一家人了。你爸爸在天有灵，也该欣慰了！"

2007年8月20日，陈琳终于可以出院了。医生嘱咐她要多休息，两个月内避免剧烈运动，并交代王羽芳一些护理注意事项，王羽芳一一记在心里。回到阿图什市后，王羽芳在单位附近租了一间便宜平房，带着陈琳居住。林灿拒绝与她们同住，依然住在外婆家，没过几天就提前去学校报到了。王羽芳因要照顾陈琳，抽不开身送林灿去乌鲁木齐。为此，陈琳感觉非常对不起林灿。

一天，王羽芳去菜市场买菜回来，发现陈琳趴在床上，正吃力地给林灿写信："妹妹，都是我不好，但咱们的妈妈是一位好妈妈，她是一位伟大的母亲！你要怪就怪我好了，不要再生妈妈的气，好吗？"王羽芳轻唤一声"女儿"，眼泪大滴大滴地滚落。经历生死患难，这对"母女"终于冰释前嫌，紧紧地抱在一起……

截至发稿时，本刊特约记者致电王羽芳获悉：陈琳的身体恢复良好，已经可以下床走动；在陈琳的真诚沟通下，林灿已经理解并原谅了母亲，并准备放寒假时回家看望陈琳；张军故意杀人一案，现已公诉至乌鲁木齐市中级人民法院，近期将开庭审理，等待他的将是法律公正的判决。

这个全家供出的大学生"不养家"

黄云志 向华

无论在农村还是城镇，我们常常看到这样一种现象：穷苦之家为了改变命运，多个读书的子女中往往辍学的辍学，打工的打工，举全家之力供一个孩子读大学，以盼望其日后能带领全家走向富裕！然而，如今大学生就业日趋艰难，许多人毕业后难以顺利找到工作，连自己都难以养活，根本没有能力回报家人……从前的美好愿望与眼前的窘迫现实发生冲突时，会发生怎样的矛盾和后果呢？

在湖南省长沙市长沙县白沙乡就有这么一个贫寒家庭，老父做小工累坏了身体，两个哥哥双双辍学打工挣钱，甚至甘愿被未婚妻抛弃，好不容易供弟弟读完了大学；谁知弟弟大学毕业后，"曙光"未现，冲突和灾难却至：两个哥哥希望弟弟能回报家人，弟弟却在城市里因生活艰难，无力给家人以太多帮助；哥哥们怨恨弟弟"忘本不养家"，弟弟嫌哥哥们要求苛刻，最终三兄弟闹得血刃相见，弟弟被打成双目失明、肋骨断裂的"废人"，而一个哥哥则因故意伤人被捕入狱……

为了脱贫，

全家合力供出一个大学生

今年58岁的刘正阳是长沙县白沙乡上华村人，共有3个儿子。大儿子1972年出生，叫刘文；二儿子次年出生，叫刘武；小儿子刘光耀，出生于1978年。刘正阳辛苦打拼了大半辈子，也未能改变贫穷的家庭面貌，只好把希望寄托在3个儿子身上，希望他们将来能考上大学，毕业后将贫寒之家带向富裕！

3个儿子都很懂事，成绩也都不错，但单凭刘正阳一双手，又如何能同时供养3个儿子念书呢？像许多的农村父母一样，刘正阳决定舍卒保车，让成绩稍差的刘文和刘武两兄弟念完初中就辍学挣钱，举全家之力供成绩优异的刘光耀读出个"名堂"来。为了让刘光耀好好念书，刘正阳从不让他做家务活，刘文和刘武则什么累活苦事都干，兄弟俩把自己读书成才的梦想全都寄托在弟弟身上，无怨无悔地帮父母操持农活。

1994年，刘光耀以优异的成绩考上了长沙县一中！在当地，进了县一中就预示着一只脚已经迈进了大学！由于读县一中花费比初中多很多，加之要为日后念大学的"巨额费用"做准备，刘光耀进高中不久，刘正阳便让刘文和刘武都到广州去打工，他自己也跟着村里一个包工头到长沙市区做建筑小工。在刘光耀念高中的3年里，刘正阳原本还算硬朗的身子因过度劳累而变得异常衰弱。1997年年初的一天，刘正阳在建筑工地挑着一担砖块上楼，走到二楼时膝关节突然剧烈酸痛，连人带担重重地摔下了楼。医生要求刘正阳至少在病床上躺半个月，可10天不到，他就又回到了工地……

刘光耀没有让家人失望，1997年高考，他被湘潭大学顺利录取！兴高采烈地把弟弟送进大学后，一直在广州打工为弟弟挣学费的刘文和刘武稍微松了一口气。他俩早已到了结婚的年龄，都有合适的对象，并打算结婚成家；但一想到弟弟一年的学杂费要好几千元，而父亲又体弱多病，兄弟俩仍然无怨无悔地继续留在广州打工。

刘文和刘武同在广州一家鞋厂打工，两人每月的工资加在一块儿才1400元，可他俩仅留下500多元作为生活费，余下的800多元全都寄给了弟弟！1998年年底，刘武患上了痔疮，对生活和工作影响很大，为了根治此病，他省吃俭用，从牙缝里省出了1500元准备做手术。可就在这时，他得知弟弟寝室里几个同学想合伙买台电脑学习，其他人的钱都交了，就差弟弟没交，刘武毫不犹豫地把自己准备动手术的钱寄给了弟弟。刘光耀知道实情后，感动得流出泪来。更让他感动的是大哥刘文，1999年5月，刘文热恋多年的未婚妻向他发出最后通牒：要么与她结婚成家，要么分手！为了打工挣钱供弟弟读完大学，刘文不得不忍痛选择了分手。

刘光耀把家人对他的关爱深深地记在心里。他对家人发誓："毕业后一定好好报答你们！"

理想与现实的差距，
大学毕业生"难养家"

在家人的全力支持下，2001年6月，刘光耀终于顺利毕业了。他的家人都兴奋不已，并以农村传统的眼光，觉得他大学毕业后肯定能找到"挣大钱"的工作。然而他们哪里知道，如今大学生就业日趋艰难，刘光耀奔波了很久也没找到如意的工作，最后只是在长沙市雨花区一家物业公司当了名月薪800元的普通文员。

2001年8月，刘光耀参加工作不久，已经从广州打工回来的二哥刘武在家闲着没事干，便托弟弟帮忙，想在长沙找份事做。刘光耀自己的工作都是费了九牛二虎之力才找到的，自然难以帮二哥的忙。2001年11月，年近30岁的大哥刘文好不容易与一个女孩子谈上了恋爱，他想早日结婚，但女方家里要15000元彩礼。刘文便向弟弟刘光耀求助，想借6000元钱。可刘光耀别说6000元，就是1000元也拿不出，最后只给了哥哥600元钱。刘文接过这点儿钱时哭笑不得！

这样的次数多了，家人，尤其是两个兄长便对弟弟有"情绪"了。2002年6月，由于家里的房子太旧，一下雨就到处漏水，必须重建，父亲刘正阳便要刘光耀赞助6000元钱。原本这个要求并不过分，家人辛辛苦苦供他念完了大学，现在他理应为家里做点贡献。可刘光耀当时实在没钱，单位的同事担心他还不起钱，也都不愿意借钱给他。于是他只好愧疚地对家人说："房子迟些建吧，我现在自己都养不活，拿不出钱给你们！"大哥刘文一听这话，气愤地对他说道："你怎么读书出来后整个人都变了呢？如果不是供你读书，我们不早就建好新房子了。当初家里为你付出了那么多，现在应该是你回报的时候了啊……"刘武也附和道："你看村里的王××，大学一毕业就帮他妹妹找了份工作，还给家里盖了新房子，而你呢？"刘光耀原本就因工作、生活上的诸多不顺而心烦，听到这些指责后，心里很不舒服，便顶撞说："你们别动不动就拿我和王××相比，要比你们和其他的人比啊！不是有很多人大学毕业后家里还帮他买房子吗？我自己也没房子，你们怎么不帮我想想办法呢？"他这么一说，大哥、二哥更气愤了。

从刘光耀的老家到他工作的地方，坐车来回也就4个多小时，原本他每个周末都要回家一趟，可由于与家人特别是两个兄长有了隔阂，从2002年8月开始，刘光耀便尽量少回家，有时候甚至两个月也不回来一次。这样一来，他的父亲和两个哥哥对他的意见就更大了。

2003年春节，刘光耀本来是想回家过年的，但当时刘文和刘武已有了小孩，他如果回家，免不了要给长辈和小孩红包。由于没有积蓄，刘光耀只好借口春节单位要加班，没有回去。刘文和刘武两兄弟当时没有多想，而50多岁的母亲心疼小儿子，大年初二硬是打发刘武带着过节的糍粑和腊肉送到长沙。刘武到弟弟单位一打听，得知单位根本就没加班，早在过年前几天就放假了。刘武气得当时就提着年货径直回家了。知道事情真相后，家人都很气愤，因此更加认定刘光耀并不是真的经济上有困难，而是他的心变坏了，变得忘恩负义了！

手刃亲弟，
郁闷兄长如此了断心中不平

2004年年初，刘光耀跳槽到了湖南某知名企业集团，月薪涨到了1400元。家人以为手头宽裕后的他会给家里一些资助了，但他却在筹足了2万元首付金后，于2004年6月在长沙买了一套60多平方米的经济适用房。因每月要供房款700多元，他的经济状况反倒不如以前了！

2004年年底，刘光耀搬进了新房，刘正阳特意从老家来看儿子和参观新房。可由于路上淋了雨，体弱多病的刘正阳患了重感冒并引发肺炎，结果花去了刘光耀1200余元医药费。有个同事向他建议说："你还有两个哥哥，父亲生病，你可以让哥哥们平摊医药费啊！"刘光耀果真向两个哥哥开了口，要求他们每人出400元钱。刘文听后气不打一处来，怒骂道："我们真是瞎了眼！亏我们当初对你那么好，爸爸患个感冒，你就要和我们平摊医药费！以前爸爸有个三病两痛的，我们哪一次找你要过钱？"刘武也说："你连长沙的房子都买得起，居然连这点儿钱也要和我们计较，我真后悔当年打工挣钱供你读书……"双方为此大吵起来，还动手打了一架。

兄弟之间从此完全撕破了脸皮，相互之间对一切都变得特别计较，什么事都分得清清楚楚。2005年4月，刘正阳身体时常感到不适，尤其是腰椎疼痛得厉害。刘武带父亲到医院检查后，发现他患有严重的腰椎间盘突出，必须接受手术治疗，费用大概需要4000元。医生还告诉刘武，这病是由于长期劳累，积劳成疾而造成的……刘武把医生的话告诉了哥哥刘文。刘文听后说："这样看来，爸爸的病就得刘光耀负责治了，老爸辛苦劳累一辈子，全是为了供他上大学，现在积劳成疾，他刘光耀不负责谁负责？"刘武觉得在理，便把弟弟刘光耀叫到医院，要他一个人承担父亲的医药费。刘光耀不同意，后来三兄弟便闹到了乡政府。在有关人员的调解下，最后刘光耀承担了绝大部分医疗费。然而事情虽然暂时解决了，却为日后矛盾大爆发埋下了"祸根"！

2005年9月17日，刘文和刘武两兄弟合伙建一间猪舍，由于挑土的人不够，便叫父亲刘正阳帮忙。刘正阳忙了不到半小时，突然感觉肚子一阵剧痛，他以为是普通的肚子痛，便吃了几粒止痛片，哪知吃下药不久更加痛了，很快便倒在地上人事不省了……刘文和刘武连忙将父亲送往长沙县人民医院急救。医生诊断为消化道大出血，手术费用要近7000元钱。刘光耀得知消息后很快就来到了医院，但他拒绝承担医药费，理由是：父亲是因为帮两个哥哥干活才病倒的，理应由他俩承担。但刘文和刘武却认为，这病的根本原因还是在于长期过度劳累，因此刘光耀必须承担至少三分之一的费用。事情再一次惊动乡政府，但这一次，不管别人怎么说，刘光耀始终不愿出一分钱。双方争执不下，刘光耀撒手不管走了。刘文和刘武东借西凑了3000多元，最后又借了4000元高利贷，总算让父亲做完了手术。他们对刘光耀的离去十分气愤，准备等父亲出院后就去长沙找他，一来是让他出钱，二来好好教训他一顿。

2005年10月7日，即父亲刘正阳出院的第二天，刘文带着父亲的医疗费发票到长沙市找弟弟刘光耀，但刘光耀不在家；他又找到单位，得知单位组织旅游，弟弟5天前就去桂林了！父亲病得那么严重，他还有心思出去玩！刘文听后恨不得一刀杀了弟弟！此后的一个多月里，刘文和刘武先后来了长沙两次，但刘光耀两次都躲着不见他们。

转眼到了2005年11月底，刘文和刘武借的高利贷快到期了，他们知道借高利贷不还的严重后果，许多邻居也"抱不平"地说："你们两兄弟真傻，你们的弟弟那么对你们，你们还和他客气什么？你们以为他真的没钱？没钱能在城里生活下去？没钱能买得起房子？"这些话无疑是火上浇油。11月27日上午，刘文再次气冲冲地来到长沙找弟弟要钱。这次，他逮着了弟弟刘光耀，但两人没说上几句就动起手来，由于刘文身材比弟弟矮小，加之刘光耀有朋友帮忙，刘文吃了亏，他气得当天就把大弟刘武叫来做帮手。

27日晚上9点，刘文带着刘武再次来到弟弟刘光耀的家。由于上午吃过亏，这次刘文特意带了一根铁棍。当时刘光耀已经上床睡觉，虽然明知两个哥哥来者不善，但他还是穿着睡衣打开门让两个哥哥进去了。进屋后，刘文冲过去想打刘光耀，但被刘武拦住了。刘文再一次问刘光耀："爸爸的医药费你到底出不出？"刘光耀没好气地说道："我已经讲过，我现在欠了一屁股债，没钱！就算有，我也不愿意出，因为爸爸是帮你们才出事的！"刘武见到弟弟桌上放着一盒"芙蓉王"香烟，插话道："你没钱怎么买得起楼房，怎么抽得起这么贵的烟？"刘光耀听后说："我的房子是借钱买的经济适用房，现在每个月要供700多元。至于芙蓉王烟盒，是别人落在这里的……"刘武觉得他是在狡辩，气愤地说："爸爸病成那样你不闻不问，连钱也不愿出，以前全家人为你付出了那么多，不说要你回报，应尽的义务你总要尽啊，你的良心被狗吃了……"由于刘武说了不少刻薄的话，刘光耀便和他对骂起来，并打成一团……混乱中，刘武抢起一把凳子向弟弟砸过去，刘光耀被打倒在地；刘光耀爬起来后，操起一个啤酒瓶就向刘武砸去，刘武当即被砸昏过去。就在刘光耀惊得不知如何是好时，刘文抢过刘光耀手里的半截啤酒瓶，对着他的脸上和身上发疯似的一阵猛刺，一边刺一边骂道："你这忘恩负义不要脸的家伙！"刘光耀很快就倒在血泊里了，可刘文还不解恨，抢着一把木凳对着他胸前又是一阵猛打……持续了近两分钟，刘文才"清醒"过来，连忙拨打了120急救电话并报了警。

刘武身体并无大碍，到医院不久就康复了。但刘光耀却伤势严重，被打断了4根肋骨，双目被刺严重，虽经医生全力救治，最后还是落下双目失明的终身残疾，而且由于胸腔受伤过重，此后再也不能干稍重的体力活了！2005年12月3日，刘文因涉嫌故意伤人被长沙市雨花区警方刑拘；12月28日，雨花区人民检察院依法对刘文批准逮捕……

这是一起发生在一个贫寒家庭的令人遗憾的悲剧，但却集中反映了不少供其一子（女）读书成才的贫寒之家存在的一种普遍矛盾。这种悲剧的发生，告诉人们：一方面，读了大学者应当理解家人当初供自己读书的艰辛与期望，理应心存感激报恩之心，并且在工作后适当做些牺牲，帮助家里其他的成员解难脱困，否则，何谈良知，又怎能使曾经对自己付出诸多的家人获得心理平衡呢？刘光耀如果多怀一点儿报恩之心，多想想家人曾经对他的付出，推迟几年买房，尽可能地给家人一些帮助，多承担一些对父亲的赡养义务，其哥哥们怎么会对他有那么深的怨恨呢？另一方面，供其读大学的家人，应充分了解现在的大学生就业现状，明辨其大学毕业后有无回报的实际能力，切不可再用过去的"老皇历"看待今天的形势，仍然以为大学生一毕业就能端铁饭碗、挣大钱，对其抱有不切实际的要求和期望。同时，家人间的同胞亲情应该善始善终，切不可把亲情的奉献当作一种投资，以昨日之"好"索取今日之利，这样做显然有悖中华民族的传统美德！

北京的房子
让一位外地母亲为儿子哭泣

【本文新闻背景】许许多多年轻人怀着美好的憧憬，从全国各地拥向北京，构成了浩浩荡荡的"北漂一族"。他们都希望在首都成就自己的梦想，并且能够购房扎根。然而，人口的急剧增长，推动了北京房价的节节攀升，使得绝大部分年轻人自身根本无法承受。结果，不少做父母的在养大儿女之后，又无私地帮助儿女购房、还款，形成了青年夫妻、男方父母、女方父母6个人共同出资在北京城里买一套房的"六一模式"，最终许多人陷入了无力还债的深渊，难以自拔……

本文主人公陆慧，是湖北省荆州市一所学校的教师。多年来，她在工作之余为《打工》等杂志撰写了大量的文章，曾经工作、生活得安逸而潇洒。然而，由于她的儿子也成了"北漂一族"，无力在北京解决住房问题，爱子心切的她不顾自己的经济实力，贸然举债达30万元为子在京购房，结果因为远远超出承受能力，演绎了一场惨烈的悲剧！以下是她悲凄的"房奴经历"自述……

提高儿子身价，

母亲进京选房

2002年夏天，我的儿子大学毕业后，本来在湖北省荆州市找到了一份不错的工作，还谈了一个称心的女友。可是工作刚满一年，他便雄心勃勃地想到北京去打工。当时，他的女友极力反对，但他铁了心要去北京，结果女友一气之下与他分手了。

2004年10月，已到北京打工一年多的儿子打电话告诉我说，他刚又找了一个女朋友！我兴奋地对他说："那你春节一定把女友带回来，让家人高兴高兴。到时我给她一个最大的铂金戒指做见面礼！"可是到了2005年春节，儿子却是一个人回来的。原来，交往才一个月，女友就设计出宏伟的结婚规划，要他尽快在北京买下住房。北京的商品房多贵呀！儿子没法尽快满足女友的心愿，新女友就甩了他……

儿子在北京新交女朋友时，我曾天真地设想，到时由我们双方父母和他俩6人共同出资买一套房，儿子便可在北京成家了，谁知儿子因无房已经与女友分手了，因此，我必须调整策略，尽快让儿子在京城拥有一套房子，提高他找女友的"身价"！想想我和丈夫每月工资加起来有近3000元，加上我平时挣的稿费，已存下15万元积蓄，我觉得儿子首付房款应该差不了多少，便把这想法向儿子和盘托出。哪知，儿子一听瞪大了眼睛说："京城的房价每平方米已飙升到8000元至10000元，就是买50平方米的房子也要50万元左右，还是算了吧！"但我坚定地说："你这次回京后就去看房！看好了，我给你打首付款过去，剩下的钱你自己按揭。"儿子同意了。

2005年4月26日，我来到北京。4月30日，北京的一个熟人给我打电话说，宣武区牛街有一套房子，两室两厅，很气派，就是要价有点儿高——80万元，让我过去看一看。当我赶到那栋楼前时，哇，眼前一亮！这套100平方米的两室两厅，客厅与卧室互不干扰，布局十分合理，而且已简单装修过，可以直接入住。我很满意，连忙打电话叫儿子也赶去看房子。

儿子对这套住房也很心仪，可80万元是个多大的数目！凭儿子每月3000元不到的工资，银行不可能给他贷这么多款呀！但我不甘心放弃，毕竟这样的房，这样的价位在北京算是便宜的，也许过了这个村就没这个店了。因此，我大胆地做出一个决定:先交上定金，让儿子负责在银行贷款30万元，我回荆州负责筹措50万元！

5月3日，我匆忙赶回荆州。直到这时我才怕了，家里的积蓄只有15万元，上哪儿一下子借35万元呀！开弓没有回头箭。当晚，借娘家人在母亲家聚餐的机会，我以照样付息的方式向兄弟们提出了筹款的要求。本来很热闹的过节气氛，立刻被这沉重的话题搅得连空气似乎都凝固了。大约过了一袋烟的工夫，大哥开口了："我们两口子下岗多年，儿子要结婚。"我又把希望寄托在大弟和二弟身上，因为我知道大弟带着二弟搞过一段时间的食堂承包，多少有一点儿积蓄，可他们就是不开口。只有母亲颤巍巍地走到里屋，拿出一个用布包裹的存折递给我说："这里有1万元钱，你先拿去周转吧！"顿时，我的眼泪如断线的珍珠落了下来……

一连两天，我和老公为筹钱的事日夜奔走，去找要好的朋友想办法。在一个我自认为有钱的朋友家里，我刚开口说出准备为儿子在京买房时，她就猜到了我的来意，马上把话岔开："唉，如今股市真黑，把我的钱全套进去了，上个星期侄儿结婚找我借点儿钱，我都拿不出来。"吃了闭门羹，我知趣地离开了。

直到打款的期限只剩两天了，老公总算找他的朋友借了5万元钱，而且承诺每半年还一次款，一年半连本带息还清。剩下的"大头"我只好厚着脸皮，试着再向两个弟弟求救。二弟的电话打通了，他表示可借我2万元钱，什么时间还都行。大弟的电话通了一下就断了。我正纳闷，不一会儿，我听到了敲门声。啊！大弟背着一个蛇皮袋，出现在我眼前！大弟说："姐，对不起了，前天你说起借钱的事我怕老婆不同意，便没吭声。现在我管不了那么多了，这25万元钱5年内用不上，先给你周转吧！"我问他："弟媳万一知道了，怎么办？"大弟说："我们家是我管钱，她一时半会儿不可能知道，先救你的急再说吧！"我接过钱，脸上已挂满了泪珠……

借款五味杂陈，

还款节衣缩食

2005年5月8日，我把款打到北京后，儿子打电话告诉我，他已拿到了房子的钥匙，过户手续已办好。可我心里五味杂陈、喜忧参半：从此，儿子后半生将在还贷中度过，我和老公的老年岁月也将与债务相伴啊！

为了在一年半内先还上老公朋友的那笔5万元借款，我把家里的每月生活费控制在300元以内，出门坚持不打的、不坐公交车，改骑车或步行；买菜则选择晚饭后上超市觅打折的次品，一切开销都省了再省。

一天，母亲知道我一个月没有买肉，每天的主菜就是炒西瓜皮和炒西红柿后，给我捎来两条鱼。母亲对我说："这两条鱼是别人送给我的，我不爱吃鱼。"顿时，热泪在我眼中盘旋，鼻子酸酸的：母亲哪是不爱吃鱼，她分明是在默默资助我，而又不让我感到难堪呀！

因为做了房奴，买件新衣服也成了奢望。一天逛街，我看中了一款高雅端庄的白色坎肩，打5折90元，我爱不释手地看着，多想买它呀！我踌躇了10分钟，最后想到这90元钱可供我过大半月的生活，我还是默默将它放回了原处。

2005年10月15日，我们高中同学聚会，相约到郊外太湖去观赏菊花。饭毕，有同学提议打麻将，人数4桌正好。同学不由分说已把牌码好，硬拽着我坐到桌上凑角。虽然输赢不过几十元钱，可我还是不敢上桌呀！我站起来返身往外走，同学们都用怪怪的眼神看着我。一个同学说："你怎么这么扫大家的兴？没钱我就借钱让你打，好不好？"这句话正好戳到我的痛处，我真恨不得找个地缝钻进去……以后，我对集体活动一概谢绝。

可是，11月22日，一个要好朋友的妻子去世了。我心里暗自叫苦，这一周内送人情的事我已遇到3次了，有两个朋友小孩的结婚请柬还放在桌上，我牙缝里抠出来的钱，这样送上几个人情，就全没有了！我心如油煎，当晚一宿没合眼。不送吧，面子上过不去，人家会说我吝啬；送吧，实在拿不出这笔钱。想来想去，最后还是送去了50元。3天后，送了人情的都被邀请去吃饭，我因钱送少了没好意思去，心里还打起了小九九：按规矩，不去吃饭可获得主人送的一壶菜油，我愿意换一壶油！

我在人前是风光的老师，人后则常常唉声叹气，独自发呆。这样，背负着巨大的借债重荷，还不能让外人知道，好苦好累，神经也变得越来越脆弱，动不动就想哭啊！

当时，我订下的计划是每年还款3万元，争取10年还清。老公为了多还点儿款，戒掉了烟酒，还在人才市场找了一份在仓库里兼职守夜的活，一个月可增加450元的收人。可怜已50岁的他一天到晚忙得像陀螺，有时我几天都见不到他的人影。

2005年11月底，我把和老公半年攒下的15000元先还给朋友时，心里还有些宽慰。可是天有不测风云，一天早上，仓库的负责人突然打来电话，说我老公头晕目眩，吐个不停，腰也疼得直不起来。我急忙赶到，只见他头冒冷汗，脸色蜡黄。我破天荒奢侈了一回，叫来的士忙把他送到医院。

经化验拍片，医生说他得了肾囊肿，急需动手术。我急得团团转。虽说老公办了医保，但一住院得自付600元的门槛费。我还债后身上就只留了100多元的生活费，哪交得起这笔钱呢？关键时刻，是我的母亲雪中送炭，用她一个月的退休金又一次解了我的围。

丈夫做完手术后，锥心的疼痛让他无法入睡。医生推荐一种止疼泵，只需自费500元立马就可缓解疼痛。我准备再去想办法借钱，老公却用微弱的声音说："不要了，太贵了！"他痛苦的呻吟声，犹如刀子在剜我的心，我再也忍不住，跑到门外痛哭了一场……

因为丈夫住院，还款进度大受影响。一晃2006年春节过去了，4月1日就又到了还老公朋友15000元的日子，可我只攒下3000元呀！我只好到老公朋友家说明情况，让他再宽限一些时日。这一次，朋友拉下了脸："现在谁也不愿借钱，就是因为一些人不守信用，我是信得过你们才借的，你们可不能坑我呀！"我的脸上红一阵白一阵，唯唯诺诺地答应着，逃也似的离开了他的家。

意外频频光顾，
精神几近崩溃

一波未平一波又起。2006年4月15日，大弟风风火火地赶来了："姐，不得了啦！我妻子听说这段时间股市转牛市，要把钱拿到股市投资。她在家翻箱倒柜找不着存折，结果找到了你写给我的借条，她在家大吵大闹，还要与我离婚。她一会儿要冲到你这里来逼债呢！"

我大惊失色，这可怎么办呢？我决定变被动为主动，先上门负荆请罪，稳住弟媳再说。我提着礼物去见弟媳，只见她家一片狼藉，盘子和碗摔得一地都是，家庭大战的硝烟处处可闻。我连忙认错："都是我不好，我会尽量筹钱还给你的。"可弟媳正在气头上，已翻脸不认人。她指着我的鼻子说："没有钱，你就不要撑面子为你儿子买房！你把我们家的钱借去了，猴年马月才能还上？有你这么借钱的吗？我和你弟弟离婚的起诉书已交到法院去了，你赶快把这笔钱如数还上！"一听到这话，我的精神当场就崩溃了，像个傻子似的一会儿哭一会儿笑，跌跌撞撞地刚一回到家，就栽倒在门槛上……

打这以后，我常常控制不住自己的情绪，浑身疲软无力，走路心慌气短，吃饭也没有胃口，眼前还总是出现幻觉。老公吓坏了，带我到医院去检查，费用花了不少，也没查出什么病。后来，老公带我去武汉慕名找到湖北中医院神经心理咨询科知名教授汤慧明治疗。汤教授为我诊断后，和颜悦色地问："你感到恐惧多疑和无人理解是不是？"我说："是。"汤教授告诉我："你是因为一直承受着还款的巨大压力，加上遭遇亲人突然逼债的变故所致，这在临床上叫抑郁症……"得了这个病，我才知道发作起来是多么痛苦。我突然明白：为什么张国荣要选择自杀，优秀学子要跳楼，因为他们实在是走不出抑郁的怪圈啊！我整夜整夜地睡不着，一天到晚完全离不开镇静药。我感到我的一切都完了，世上再也没有人比我活得更累的了，只徒然剩下躯壳的这种日子真是生不如死！

一天凌晨，我胸闷难受，身不由己地来到长江边，呆呆地望着奔腾的江水，真想纵身一跳。这时一位晨练者发现了我的异常，向我大吼："你要干什么？"他用一双有力的大手死死拽住我，并向110报警……

儿子得知消息后，从北京赶了回来。他见我目光呆滞，一脸憔悴，大声嚷道："天哪！妈妈，您怎么会变成这样？"我只是傻愣愣地盯着他，盯得他毛骨悚然。儿子扑通一声跪在我面前，拼命拍打着自己的脑袋，不停地忏悔："我应该阻止您的呀！妈，是我害了您呀！"他一个劲地哭，我也号啕大哭。老公直跺脚，说："哭吧，你哭吧，把承受的压力哭出来，你就会好的！"

老公和儿子为了治好我的病，决定把北京的房子卖掉，还清借款。2006年6月20日，儿子返京将房子以80万元的原价卖掉。因交易二手房没满5年要交税和付中介公司的费用，我们不仅亏了6万多元，还把原本健康开朗的我折磨成人不人、鬼不鬼的抑郁症患者！

现在，儿子已辞职回家照顾我。尽管他无微不至，可是由于我脾气变坏，急躁易怒，总是冲着他发火，指责他的种种不是。一天，儿子从我弟弟那里还款回来，就因为他提了一个钱字，我竟勃然大怒，双手像鸡爪疯似的发抖。儿子有所不知，自我发病后，已不能听"钱"这个字，一听就条件反射，极度恐惧。当晚睡意蒙眬中，我又感觉有人要掐死我，突然惊骇不已，腾地一骨碌爬起来。见儿子守在床前，我破口大骂："是不是你想整死我，让我喘不过气来呀！"儿子忍气吞声，一个劲地赔着笑脸。其实，我也知道他是无辜的，可处于病态中的我，就是控制不住这种多疑呀！

如今，我就像个孩子，连过马路都要人扶着，一会儿都不能离人。因为这场噩梦，我的教师生涯提前结束，不到退休年龄就办了内退手续。略感欣慰的是，在汤教授的治疗和老公、儿子的精心护理下，我的病稍有好转。我不再封闭自己，愿意与家人交流了。我由衷地希望天下穷人们以我为鉴，量力而行，千万不要做房奴……

【编后言】走进北京、上海、广州等大都市谋生的年轻人，谁不想在都市里购房扎根，成为真正的都市人呢？这种梦想无可厚非，然而都市里的房价节节攀升，已经高到了普通人家难以承受的地步。因此，如果没有一定的经济实力和还款能力，千万不要贸然鼓励孩子在大都市买房或帮助孩子买房，不然，就可能既毁了自己，又影响孩子获得真正的幸福。本文主人公正因为没有正视风险，遗憾地造成了悲剧。愿天下的父母及其在都市谋生的子女们，在购房问题上能引以为戒，三思而后行！

东北大孝子，
八千里板车拖着老母游香港

丁倩

　　她是一个86岁的农村老太太，一生从未离开过家；她还有一个弱点：坐车晕车，坐船晕船，排斥一切现代交通工具。可是，就是这样一个老太太，却抱有一个奢侈的梦想：到8000里外的香港去看看！

　　你一定会说："那是不可能的！除非人能变成鸟。"

　　可是，让所有人跌破眼镜的是，不久之前，老太太还真的不乘车，不坐船，不使用一切现代化的交通工具，历经9个省，看尽祖国的大好河山，最终到达了香港。她是怎么做到的呢？

　　——这是两个东北汉子，用一辆人力板车、两双大脚板，创造出来的孝心奇迹！

亡父遗愿：

让老伴出去走走

2006年9月12日，黑龙江省哈尔滨市兰西县新丰社区正阳街王家83岁的老人王树堂，生命走到了尽头。弥留之际，他分别拉着儿子王凯和王锐的手，有气无力地说："带你妈出去看看……"

王凯和王锐连忙答应："爸，您就放心吧，我们一定会完成您的心愿。"老人这才安详地闭上了眼睛。

儿女们岂会不知父亲的心思？王树堂是个老军人，复员后一直在哈尔滨市兰西县武装部工作。老人共养育了四个孩子——两儿两女；其中大儿子叫王凯、小儿子叫王锐。王树堂一生别无遗憾，唯有一件事，让他临终都无法释怀：为了照顾家庭，老伴王玉霞一辈子没出过家门——去得最远的地方，就是10公里外的娘家。

应该让老伴去看看外面的世界啊！每次说起外面的世界，王玉霞那浑浊的眼睛就会闪出异样的光彩，尤其是香港最让她心动。当年王树堂在部队时，曾多次因公去香港，美丽的香港给他留下了深刻的印象；而在香港回归的时候，他老战友的孩子又是驻港部队中的一员……王玉霞听他说多了，就说："要是活着的时候，能看看香港跟咱兰西有啥不同，这辈子就值了！"尽管王树堂多次答应带王玉霞出去看看，却一直没有成行，这成为老人一生的憾事。

含泪办理好父亲的后事，兄妹四人又聚在一起重新讨论父亲的遗愿。老大王凯曾经是一名公交车司机，现下岗在家；弟弟王锐，也因为单位效益不好，一直待在家里。两人的生活负担都很重，所以出巨资带着母亲游山玩水是不现实的。另一方面，王玉霞坐车晕车，坐船晕船，该坐什么交通工具出行，也是问题……

王凯首先提出设想："拉板车去香港吧！"是啊，兄弟俩缺钱，但有时间，而且也解决了母亲的晕车难题。几天后，四人最终达成共识：王凯、王锐兄弟俩拉板车步行带母亲去香港旅游；板车上放足药物以备不测；每座城市的著名景点下车一游，一旦中途所带的钱不够，兄弟俩则就地打工赚钱，赚到钱了再走……

家庭会议结束后，兄弟俩就开始做准备工作。他们将家里以前的两辆平板车改装成了一个有着上下铺，可以遮风挡雨的流动小屋；车身两侧各有一扇玻璃小窗供通风透气；车前一条带子可以挎在肩上用来拉着车走，两边是直径45mm的钢管扶手。尽管整部车只有2平方米左右，但铺上被子等物以后，整体就像个小家，让人感到很温馨。

鉴于此次行程从北到南将跨越4000多公里，因此板车改装好后，兄弟俩就开始了体能训练。每天天不亮，他们就起床进行腿部肌肉锻炼——徒步行走。刚开始，一天只能步行20多公里；但一个多月以后，他们就可以徒步行走50多公里而面不改色……

一切准备妥当，已是王树堂过世6个多月了，再过几天兄弟俩就打算带着老母亲出行了。没想到，这个时候，两兄弟却同时遭到了来自各自家庭的巨大压力。

王凯的儿子已经快18岁了，对父亲的行为非常不解，骂他是个不顾家的老疯子。王锐的老婆的反对之声更强烈，总是找碴儿，要不然就躲在一旁默默垂泪。就连两个妹妹也变卦了，两人不停地问，一个80多岁的老人家，风餐露宿长途跋涉，这不危险吗？万一老人家在路上生了重病怎么办？一些邻居也在背后议论："步行几千公里，还要拉着个100多公斤的板车，这不是扯淡嘛……"

兄弟俩只得语重心长地对家人说："出去玩一趟是你们爷爷奶奶的愿望，爷爷已经去世了，要是不趁着奶奶身体还健康出去走走的话，我们就不配做儿子啊！'子欲养而亲不待'，这种痛苦你们将来会明白的……"在两兄弟的坚持下，家里的人终于沉默了。

2007年3月24日，风和日丽，兄弟俩带着3000元钱，拉着母亲出发了。两人参照地图规划好了基本路线：沿着102国道南下，经黑龙江、吉林、辽宁到达河北，然后进入北京；在北京转上107国道，过河南、湖北、湖南到达广州，全程约4000公里。他们原计划每天行走40公里，景点城市歇脚，在200天之内赶到香港。

一开始上路，就不那么顺当。以前的体能训练只是徒步行走，而现在要拉上几百斤重的板车，难度可想而知。第一天，王凯拉车，干锐在后面推；第二天，两人换过来……然而，尽管频繁互换位置，他们的步伐还是越来越慢。第一天，两人走了20公里；第二天，只走了15公里。好在经过一段时间的磨炼，身体的各种不适逐渐消失，他们每天基本都能走40公里了。

"感恩"号出发：

孝心之旅由北至南

经过15天的跋涉，他们终于到达了沈阳。4月的沈阳，花红柳绿，游人如织。两人把板车停在将军公园的一个角落里，决定停留几天带母亲游览一番。看到母亲疲惫的样子，王凯提议先休息半天，可王玉霞老人一听说去景点参观，疲态一扫而光，连忙说："现在就去，现在就去吧……"果然，当王凯和王锐带着母亲来到沈阳故宫时，老人眼睛都发亮了……接下来的几天里，王玉霞又先后逛了步行街和沈阳植物园等地方。

4月12日晚上，王凯和王锐听说"刘老根大舞台"的二人转在沈阳故宫对面上演，两人决定让老太太去开开眼。没想到，因为当天赵本山要来，竟然出现一票难求的局面，100元一张的票被票贩子炒到了500元一张。一直到晚上6点，还没买到票。怎么办呢？王凯咬咬牙，花700元买了一张高价票，然后把母亲交给工作人员。末了，他还对母亲千叮咛万嘱咐："人都走完了你再出来，别被人挤着了！"然而，晚上9点，兄弟俩从板车上下来，一直在大门口守到九点半，人都走完了，母亲还没出来。兄弟俩在门口越等越心焦，他们想：要是把母亲给弄丢了，回家怎么交代呀？两人一遍又一遍地在门口大声喊叫着："妈，我们在这里，你在哪儿？"一直到晚上11点，兄弟俩才在舞台休息室那里找到母亲。原来，演出结束后，王玉霞看到拥挤的人群，害怕了，站在那里不知如何是好。保安发现后，忙把她带到了休息室……兄弟俩看到母亲平安无事后，扑上前去抱着母亲，流着泪说："妈，没事就好，没事就好！"

尽管虚惊了一场，但是在从沈阳到北京的路上，老太太一直眉开眼笑，嘴里时不时念叨："原来赵本山长得跟电视上一样啊……"这让王凯兄弟俩安心了，觉得花再多的钱也值了——但是有了这次历险经历，以后不管门票多么昂贵，兄弟俩总有一个要陪着母亲。

42天后，母子3人终于抵达了北京。王凯计算了一下，在北京可以停留一周左右，在这段时间内，兄弟俩可以一个带母亲出去逛，一个去打短工赚点儿钱。后来，在一个老乡的介绍下，两人把车停在北京大兴，然后四处找工作。可每到一个工地，包工头一听说他们只能干几天，便摇头拒绝了。后来，他们好不容易才在四环新建的中友商厦找到了一份搬运工作，一天80元。他们把母亲托给老乡照顾，干了4天；4天中，王凯和王锐轮流去当搬运工，另一人便带着母亲在北京游玩。5月16日那天，王凯给母亲买了半只全聚德的烤鸭，老太太的牙已经快掉光了，她拿着那半只烤鸭，还没吃就抹起了眼泪，好半天才说："牙没了，咱留下来，慢慢吃……"结果，那半只烤鸭，母子3人一直吃了4天。此后，每到一座城市，只要是白天，兄弟俩都会留一人照顾母亲，另一人到处打工，以补贴费用。

在北京，老人玩得比在沈阳更开心了。5月18日，王凯带着母亲走在故宫里，老人感慨道："我能到皇帝住的地方歇歇脚，这辈子也算没白活了……"第二天，王锐又带着母亲参观了清华大学和北京大学的校园，老人连连说："这么大的学校，一定是以前的状元上学的地方！"看到母亲玩得这么尽兴，兄弟俩更是暗下决心，无论如何，都要完成原来的计划，带着母亲去香港！

5月22日，王凯和王锐决定继续南下。从他们住的地方去107国道，必须经过长安大街，然而，长安大街是不许走板车的。兄弟两人把板车停留在长安街边，一时面面相觑，不知如何是好。半小时后，正在站岗的北京二中队交警王立宏走过来询问情况。王凯连忙恳求放行。当交警听说这对兄弟带着母亲游遍全国，并且就是用眼前的板车，把老人从黑龙江拉到北京时，足足愣了半分钟才回过神来，连连说："太不可思议了，太不可思议了……"王立宏立刻将此事向二中队领导做了汇报，再由二中队领导向上级请示，这辆板车终于获得了在长安大街上行走的权利。于是，当天，在北京的长安街头，出现了一道奇观：两个交警开道，一辆人力板车理直气壮地行走在长安大街上……

离开北京后，他们沿着107国道朝河南进发！经过离家后120天左右的奔波，母子3人终于到达郑州。这时，兄弟俩只剩下1500元钱了，可还只走了不到一半的路程啊！两人决定在这里休整半个月，一边打工一边让母亲好好歇息一段时间。王玉霞知道儿子们的难处，说："这一辈子，走了大半个中国，也心满意足了，我们还是回家吧！"王凯见母亲要放弃旅游，佯装生气地说："妈，我们做儿子的，没有很多钱孝敬您，但我们有一身力气，用这一身力气带您旅游正合适啊！"见儿子生气了，老人这才不提要回家的话。

经人介绍，王凯兄弟俩在郑州金星啤酒厂找到了一份临时的搬运工作。8月12日，由于货多，王凯从早晨6点搬到下午5点，整整11小时都没有喘一口气，眼看啤酒就要搬完，王凯在装最后一箱啤酒时，竟一头栽倒在地，左胳膊擦掉了一大块皮，鲜血不住地往外渗。啤酒厂的负责人见了，忙说："你明天就不要来了。"王凯顾不上疼痛，马上从地上爬了起来，诉说了自己的难处。对方感动地说："既然这样，那明天继续来吧……"

没想到，当天晚上金星啤酒厂的负责人竟找上门来。原来，厂领导听说王凯兄弟的孝行后，希望在他们的车身上做金星啤酒的广告，并允诺给他们一笔不菲的宣传费。思虑再三，王凯婉言谢绝了。他和弟弟商量后，两人在板车车身上写上了"奥运——2008"的字样，王锐还在车上涂上了"感恩"号几个字。

当他们拉着"感恩"号，准备从郑州继续南下时，一个十五六岁的少年知道了两人的情况，用充满敬意的目光注视着他们说："叔叔，能不能请你们等一下，我去把我爸叫来，他一直对我奶奶不好……"王凯还不知道怎么回事，这个少年就真的把自己的父亲叫了出来。那对父子赶来时，王凯正在给母亲洗脚。他一边给母亲洗脚一边说："兄弟，咱都有老的时候，老人哪，不容易……"对方满脸通红，低着头匆匆地走了。

在河南，他们还遭遇了路上的又一道坎儿。

河南信阳有一个叫走马岭的地方，被当地人称为"大陡坡"。两人走到跟前，顿时傻眼了！眼前一个长达两公里的大坡，足足有45度。王凯在前面拉车，为了防止板车后翻，他只得踮起脚尖，用双手死死地压着扶手；王锐在后面推车，他只能抬着头，一边用力推车，一边尽量把车往上抬，防止车翻过来。刚上坡不过200米，兄弟俩便全身都汗湿了。王玉霞看到两个儿子累得上气不接下气，心疼得直掉泪，说："我自己走吧，这样你们就轻松些……"王凯连声拒绝了。这个时候是千万不能停的，稍微松懈一点儿整个车就会后退！为了劲往一处使，兄弟俩一起喊着："一、二、三，往前走！"两公里的坡，兄弟俩足足爬了一个多小时。好不容易到了坡顶，兄弟俩这才把板车停好，坐下来休息。这时，王凯才发现自己的手掌磨起了血泡，而王锐的肩上，也印出了两条深深的血印……

香港，
我们来了

2007年8月30日，王凯兄弟俩拉着"感恩"号来到了武汉。王凯决定第二天带着母亲先看长江大桥和黄鹤楼，然后游磨山、东湖和汉口江滩。兄弟俩拖着板车经过长江大桥时，特意把母亲从"房子"里搀扶出来。王玉霞老人看着壮阔的长江，眼里闪烁着惊奇的光芒，连连说道："这河多宽啊，比黄河宽多了！"

在武汉待了5天，他们又继续南下。半个月后，他们来到了湖南长沙。在长沙南郊，一个40多岁叫乔金武的男人，见到"感恩"号颇为奇怪，一打听才知道三人来自遥远的东北，立时被他们的孝行感动了，执意将母子3人接到家里盛情款待，并为他们准备好热水，让他们3人舒舒服服地洗了个热水澡……

好事多磨。2007年10月25日，王凯兄弟俩拉着"感恩"号来到湖南衡阳时，碰上了持续半个多月的阴雨天气。10月29日晚上，"感恩"号来到衡阳市石牌镇境内时，天已经黑透了。王凯对王锐说："弟，我们再坚持一下，看前面有没有人家！"又冒雨往前走了4公里，仍然没有找到人家，王凯不得不做出决定，三个人就地歇息，第二天再往前走。夜里，车里冷彻透骨，食物又没有补充，兄弟俩只好把衣服都盖在母亲身上。直到深夜两点多，当王凯被冻醒后，看到有汽车开过来，连忙下车求援，3人才得以在长途货车的空调驾驶室睡了一会儿……

经过衡阳，他们来到了郴州。只要翻越前面的南岭山脉就到达广东境内了。可是在这里他们却误入292省道，走进了大瑶山——全程200多公里的大瑶山路段全是上坡下坡。3天后，他们才走出了这一片仅由292省道连接外面世界的大山……当他们走出大山来到浮源瑶族自治县时，所有的瑶民都不敢相信他们是从大山那边过来的，并冲他们说："我们世代生活在这里，从来都没有人拉车走到过山的那一边……"

几经风霜雪雨，2008年1月12日，母子3人平安到达深圳。其间历时290天，穿越黑龙江、吉林、辽宁、河北、北京、河南、湖北、湖南和广东9省市几十个城市，徒步4000多公里。老天保佑，由于兄弟俩对老人照顾有加，王玉霞连一次小小的感冒都没得过。尽管此时时令已过大寒，而深圳却阳光普照，鲜花盛开，一片春意盎然！想想老家这个时候肯定是冰天雪地，母子3人从心底感叹着祖国的宽广博大。

正当他们怀着兴奋的心情，准备经过皇岗口岸过关去香港时，却被告之，他们3个的港澳通行证早已过期……兄弟俩只好暂时停留在口岸旁，等待老家重新寄来通行证。当深圳海关皇岗口岸工作人员黄继军知道母子3人的经历后，感动了，他连连安慰王凯母子3人，说："你们不要急，通行证的问题，我们来操办。"他在第一时间联系了黑龙江省绥化市出入境管理处，管理处的梁运祥处长得知此事后，马上特事特办为

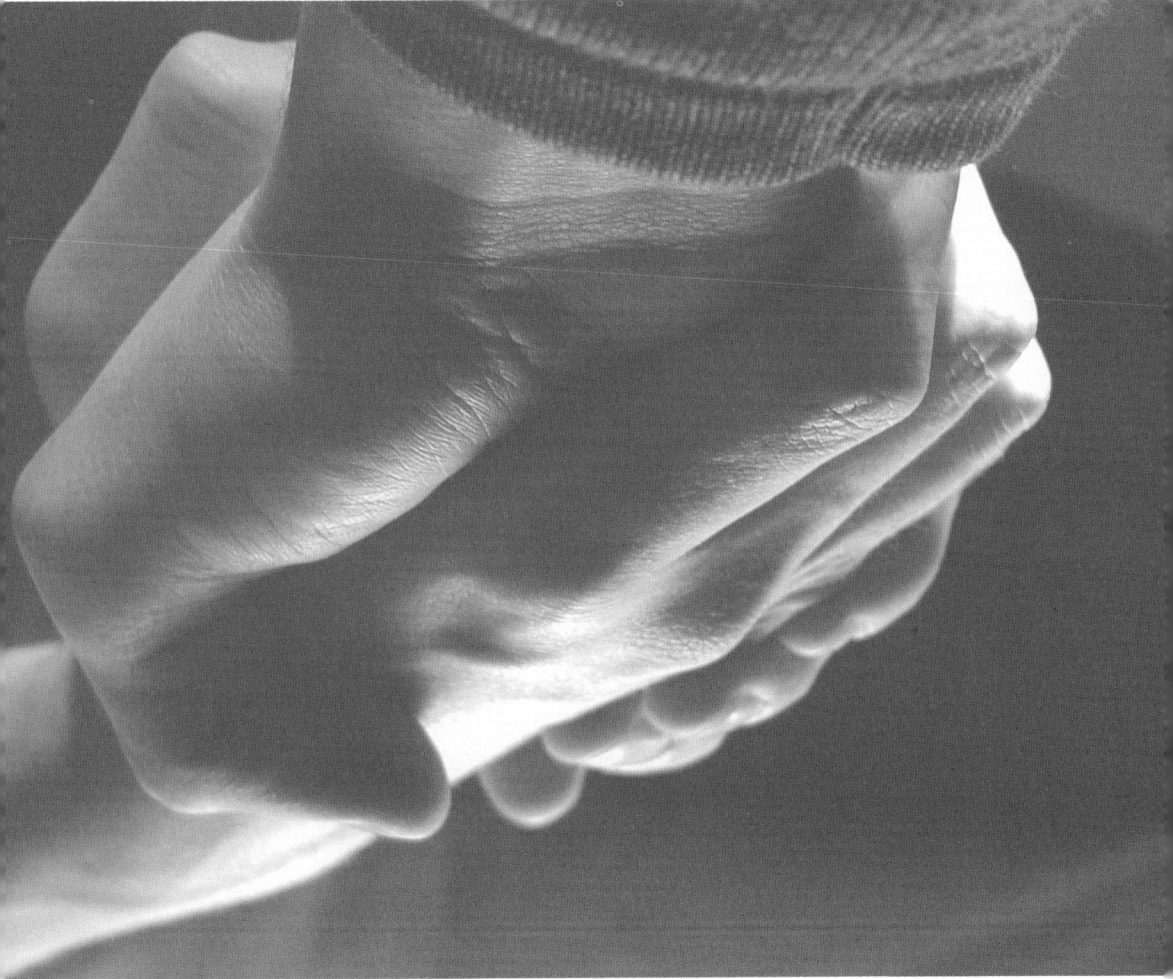

他们的证件办了续签手续，并通过特快专递邮寄了过来。

与此同时，王凯清算两人身上的钱，发现总共连1000元都不到了。于是，他们暂时按捺下焦急的心情，放下板车，四处找工作。后来，他们在深圳盐田港码头做搬运工，一天60元钱，一直干到1月23日，证件如期而至，这才结束这次离香港最近的打工生活。

"感恩"号再次来到皇岗口岸，过境时深圳和香港口岸都特别为3人开启了绿色通道。由于香港道路法规规定，板车不能在香港街道行驶，皇岗口岸工作人员黄继军马上与香港的交通部门沟通。香港方面被感动了，香港交通部门和深航国际旅行社联系后，旅行社马上调派驻香港办事处的两辆商务车来到关口接应。于是，早上10点，激动万分的母子3人终于顺利过境，车子载着他们参观了香港星光大道、浅水湾、金紫荆广场等著名景点……1月24日，母子3人在游览美丽的维多利亚港湾时，香港当地居民听说母子3人的壮举后，都被感动了，几分钟时间，他们周围呼啦啦地围满了人，大家纷纷要求与他们合影；在人群的簇拥中，王玉霞老人流下了幸福的泪水……

在香港停留了两天。1月24日，母子3人经皇岗口岸由香港返回深圳。然而，这次孝心之旅尚未结束。

1月30日上午，笔者接到王凯从广州打来的电话，他说由于天气原因导致很多地方交通困难，兄弟俩准备元宵节后再踏上返乡之旅。这次他们决定拉着"感恩"号走106国道，从广东进入江西，再经安徽、江苏、山东、天津等地回到黑龙江，行程将达7000公里，途经12个省、两个直辖市，希望在奥运会开幕前到达北京！

王凯、王锐两兄弟用他们的"感恩"号载母游华夏的孝心壮举深深感动了笔者！是的，他们用钢铁般的意志，翻越大小陡坡400多个，风餐露宿达305天，克服了一切常人无法想象的困难，为年迈的母亲圆了一个梦。试问天下，有几个儿子能做得到？

王玉霞老人无疑是天底下最幸福的母亲。乌鸦反哺，羔羊跪乳，王凯、王锐兄弟虽然清贫，但孝心无价，为了替老母圆梦，他们用自己单薄的身板，厚实的大脚，拉着母亲周游全国，吃尽苦头而无怨无悔！他们的壮举，为我们树立起了一座孝心的丰碑，值得全天下子女学习！

乡亲们做主!
这场婚礼要紧急"撤换"新娘

溢江蔼

　　2007年6月22日,湖北省巴东县水布垭镇苦竹村要举行一场两兄弟娶两姐妹的"浪漫婚礼"。谁能想到,在婚礼前3天,全村乡亲竟然齐心协力"破坏"了其中一对新人的婚事,把新娘"撤换"成了另一个姑娘。

　　这一切究竟是为什么呢?让我们一起来看看这个奇特的爱心故事吧!

手足情深，

残疾哥哥不成家我就不结婚

今年30岁的郭家强和26岁的弟弟郭家汉，出生在湖北省巴东县水布垭镇苦竹村。他俩幼年丧父，和母亲汪桂珍相依为命，日子过得十分艰难。

1985年8月22日早上，郭家汉见母亲上山干农活去了，就嚷着要哥哥带他去附近的河堤玩。河边有条乡村小公路，要到河堤，需要横穿这条公路。年仅4岁的郭家汉根本不看有没有车，就兴奋地往对面跑。恰巧这时，一辆"小四轮"快速驶来，眼看就要撞上郭家汉了。就在这紧要关头，8岁的哥哥郭家强冲过去一把推开了弟弟！结果，弟弟脱险了，郭家强却被"小四轮"撞倒在地，车轮从他的右腿轧了过去。虽然他当时被紧急送往医院抢救，可右腿还是落下了终身残疾。从此，他成了走路一瘸一拐的残疾人。

从那时起，郭家强的残疾右腿成了小伙伴们的"笑柄"。1986年3月的一天，他在放学回家的路上，又遭到几个同学的取笑。他气得和对方扭打起来，但由于腿脚不方便，反被打倒在地……母亲汪桂珍得知这些后，流着泪对小儿子郭家汉说："你哥哥是因为救你才落下残疾的，你可一辈子都不能忘记他的恩情啊！"懂事的郭家汉此后只要看到哥哥被人嘲笑，便会不顾一切地冲过去护卫。为此，郭家汉的身上留下了很多伤疤。

见自己连累了弟弟，郭家强的心里很难过。初中毕业后，他不想读书了，对弟弟说："我再读书只能拖累你，不如让我回家帮母亲干农活，供你继续读书。你有出息了，也就不会有人再欺负我了！"郭家汉听后既感动又难过，抱着哥哥的残腿痛哭了一场。

1997年7月，郭家汉考入巴东县职业技术学校学习汽修专业。为了给弟弟交学费，郭家强在村口开了一家小商店，每天起早贪黑地打理生意。

2000年7月，郭家汉中专毕业后，为了照顾母亲和哥哥，他没有去大城市工作，而是到镇上一家汽车修理店打工。每天一下班，他就回家与母亲和哥哥团聚。可是，他却发现哥哥并不快乐。细细一了解，他才知道，原来哥哥已经到了成家的年龄，却因为残疾，没有姑娘喜欢。于是，郭家汉便经常催促母亲帮哥哥物色对象。可一晃又过去了4年，郭家强还是没有处上对象。

2004年4月的一天深夜，郭家汉起床上厕所时，吃惊地看到母亲坐在堂屋里，手捧父亲的遗像喃喃自语："孩子他爸，家强的个人问题一天不解决，我的心就一天不得安宁啊！你保佑保佑他吧！"郭家汉听了非常难受，不禁暗暗发誓自己决不在哥哥前头结婚！

其实早在一年前，郭家汉就有了相爱的女友——与他青梅竹马的本村女孩赵丽。郭家汉之所以没向家里透露自己恋爱的消息，一方面是不想让母亲为难，另一方面是不想增加哥哥的心理负担。

转眼到了2006年年底，年近30岁的郭家强还是孑然一身。看着哥哥日渐消沉，郭家汉难过极了。很意外，这时一个好消息突然降临了。

割爱换亲，
只为残疾哥哥也能找到爱情

2007年1月20日，村里的大婶张秀莲主动登门给郭家强提亲，说女方是桥头坪村的姑娘安平，25岁，不仅身体健康，有稳定职业——在镇上的一家裁缝店做事，而且长得白皙端庄。得知安平的条件这么好，郭家强心里直打鼓：这么好的姑娘，会看上我吗？张秀莲猜出了他的心思，忙劝他道："先甭管成不成，明天见个面，谈谈再说吧！"

第二天，郭家强如约在张秀莲的家中见到了安平。看到安平果然很端庄，郭家强紧张得手足无措。安平却大方地对他说："家强哥，我对你没什么意见，但我有一个强人所难的条件。我妹妹安玲小时候因为发高烧治疗不及时，患过脑膜炎，反应比正常人迟钝一些。同时，她还有癫痫病。我们虽然一直没有放弃治疗，但她每年仍会发作几次。我答应和你结婚的条件就是——让你弟弟娶我妹妹！"

郭家强一听，心像是一下子掉进了冰窖。虽然换亲在当地并不少见，但他怎能把自己的"终身幸福"建立在弟弟的"终身痛苦"之上呢？于是，郭家强强掩失落的心情，对安平说："我弟弟的事我不能做主，我回去问问他吧。"说完，就起身告辞了。

回到家里，郭家强垂头丧气地说了安平的换亲条件。郭家汉听后呆若木鸡！他多想让哥哥有个好归宿，可他已有了心上人赵丽，怎么忍心"移情别恋"呢？

不久的一天，郭家强在镇上买了化肥后和弟弟一起回家。走着走着，郭家强的步子慢了下来。郭家汉顺着哥哥的目光看过去，发现哥哥正朝安平做事的裁缝店张望。仿佛是有心灵感应，坐在缝纫机前的安平突然抬头看了过来。两人"暗送秋波"的这一幕，使郭家汉明白了：原来哥哥和安平都是真心喜欢对方的！

这天晚上，郭家汉失眠了。他想：哥哥之所以至今还打着光棍，不都是我"害"的吗？如今自己终于有了报答哥哥的机会，为什么要逃避呢？……经过痛苦的权衡，郭家汉做出了决定：答应安平的换亲要求！

郭家汉把自己的决定告诉了哥哥，并安慰道："哥，你不要以为我娶安玲有什么不妥。我打听过了，安玲比她姐姐还漂亮呢！她的智力并没什么大问题，不过是反应慢些而已。至于她的癫痫病，我相信我能挣钱给她治好！"见弟弟说得如此轻松，郭家强这才答应了。

但是，怎么向恋人赵丽说分手呢？一天傍晚下班后，郭家汉鼓起勇气，把赵丽约到了镇旁的河滩上。青春飞扬的赵丽兴奋地一边走，一边不停说着他们从前的趣事。这些话字字句句都像针扎在郭家汉的心上，他害怕再听下去，就没有勇气把分手的话说出口。于是，他一把拉住赵丽，痛苦地说："丽丽，那些美丽的往事，只有永远珍藏在心里了——我今天是来向你提出分手的！"赵丽的心猛地一沉，呆呆地望着郭家汉。随后，她边哭边问道："为什么？为什么！"郭家汉不忍心欺骗她，含泪说出了事情的原委。说罢，他便头也不回地走了，任凭赵丽的哭声在夜幕降临的河滩回荡……

自从郭、安两家都同意"换亲"后，郭家强的生活就变得阳光起来。他虽然腿脚不便，但他的善良、体贴深深地打动着安平，两人尽情地享受着爱情的甜蜜。然而，相对于哥哥的幸福，郭家汉却过得十分苦涩。

2007年4月7日是母亲汪桂珍的生日，这天"准儿媳"安平、安玲及其父母都来到郭家庆祝。中午，客人们都在吃饭，安玲突然癫痫病发作栽倒在地，全身抽搐，口吐白沫，半个多小时后才恢复正常。在此期间，汪桂珍将郭家汉拉到一边，忧心忡忡地说："你给妈说实话，安玲病成这样，你真愿意娶她吗？"郭家汉故作轻松地说：

"妈，我主意已定，就肯定不会后悔！"然而母亲一转身，郭家汉的眼眶就红了，眼前又浮现出赵丽的身影……

从此，村里人都知道郭家汉找了一个"傻女人"。在乡亲们的眼里，郭家汉可是一个善良、热心、有出息的好小伙，大家都为郭家汉要娶和他"根本不般配"的安玲而感到痛惜！可每每遇到好心人劝他放弃这段"错误的姻缘"时，郭家汉就极力"辟谣"，声称和安玲恋爱是他心甘情愿的事！安家得知郭家汉正受人"挑唆"，担心夜长梦多，便想尽快让孩子们结婚。5月底，安家把婚期定了下来：6月22日。为了节省开支，郭家两兄弟和安家两姐妹的婚礼都将在这天举行。

6月19日，离婚礼举行只剩3天了。这天傍晚，郭家汉下班回家刚进村子，突然看见赵丽在路上等他。赵丽的眼里盈满泪水，她轻声说："家汉哥，听说你要结婚了，我得送你点什么……"话没说完，她的眼泪就滑落下来。郭家汉正不知如何是好，赵丽接着说："可我想来想去，送什么给你都不合适，怕新娘子见了误会！你就记住我一句话吧——爱上你，我永远都不后悔！我理解你所做的一切，希望她能快些康复，好好地照顾你一辈子……等你结了婚，我就去广东打工，也许不能再见面了……"郭家汉痛不欲生，突然忘情地抱住赵丽痛哭不止！可赵丽挣脱郭家汉的怀抱，哭着飞奔而去……

郭家汉痛苦不堪！可他哪里知道，他和赵丽偷偷"幽会"的情景，竟被在山坳里干活的村民郭振兴看了个一清二楚。赵丽一走，郭振兴就过来训斥他："家汉，你都快要结婚了，还和别的女孩干这偷偷摸摸的勾当，像什么话？"郭家汉只得将事情的真相和盘托出。郭振兴听罢，痛心地说："怎么会这样呢？让你这么好的小伙放弃相处多年的对象，去娶一个身体有严重缺陷的女人，太不人道了！不行，我一定要'救'你！"

还爱情本色，
父老乡亲促成双喜临门

郭振兴不只是这么说说而已，他当即收了工，来到村里最受人尊敬的昔日村小学校长王富贵老人家。听了郭安两家荒唐的"换亲"一事后，王富贵难过地说："家汉曾是我的学生，可不能让这么好的孩子毁了一辈子的幸福啊！"但是，王富贵又觉得郭家汉的终身幸福固然重要，但他对哥哥的良苦用心也不能忽视！因此，经过一番权衡，他觉得最好的办法，是在保证郭家强仍能将安平娶进门的前提下，把郭家汉和安玲的婚约取消！

主意打定后，王富贵连夜赶到汪桂珍家，准备先做通她和两个儿子的思想工作。没想到，正好赶上媒人张秀莲带着安玲的母亲，在向郭家商讨彩礼。得知王富贵要替郭家"悔亲"，安母气得直跺脚："婚期都定了，你们却来捅篓子！如果郭家汉不娶我家安玲的话，我家安平也不嫁给郭家强了！"说罢，安母当即拂袖而去！

眼看好事办成了坏事，王富贵一时不知如何是好。得知郭家汉已有心上人，张秀莲虽然觉得再让他娶安玲很不妥，但也认为要安家放弃"换亲"，只嫁大女儿，的确太亏待安家。因此，她建议给安家筹一笔钱，让安玲治病，以此感动安家！可郭家已经把积蓄都花在筹办婚事上了，哪里还有钱呢？了解到郭家的处境后，王富贵说："郭家没钱算了，我动员乡亲们想办法！"

6月20日一大早，王富贵在村委会的通告黑板上写下了一则特殊而感人的"求助告示"。很快，郭家兄弟的"终身大事"牵动了苦竹村100多户人家的心！纯朴、善良的村民纷纷解囊，到下午两点，就收到了2500多元；再加上王富贵捐的200元和村委会的500元，一共3200多元钱。而一些经济困难的村民，则表示要亲自给安家送去自家养的鸡、鱼和鸡蛋等礼品。

这天下午，村支书李文富带领王富贵、张秀莲、汪桂珍以及几个拎着礼物的村民，一起来到安家。看见这支长长的送礼队伍，安家上下全都怔住了！当65岁的王富贵颤巍巍地递上那笔凝结了苦竹村100多户人家爱心的捐款后，安平感动得哭了。她对父母说："爸妈，我爱家强！他除了腿残疾外，其他各方面都好！家汉既然有心上人，我们就成全他们吧！"安玲这时也说："爸妈，姐姐为了我已经耽搁很多年了，她该出嫁了，我和家汉实在不般配……"终于，安家父母听得动情了，哽咽着说："别说了，我们答应了！"

汪桂珍喜极而泣，她抹着眼泪，拉着安玲的手说："好孩子，你虽然做不了我的媳妇，但可以做我的女儿，做家汉的妹妹。家汉说了，他会尽力治好你的病的！"

6月21日一大早，郭家汉便迫不及待地把这场感人的"婚变"经过告诉了赵丽。赵丽惊喜得说不出话来，任凭幸福的眼泪流淌不止。郭家汉替她擦掉眼泪，说：

"可我家里还面临着一个难题，你能帮我解决吗？"原来，郭家是按兄弟两人的婚礼操办的，酒席、鞭炮、洞房等都是按"一式两份"预备的，因此郭家汉希望赵丽明天就嫁给自己。赵丽听罢愣了怔，突然撒腿就跑。郭家汉急了，边追边问："你去哪儿？"赵丽转身回答："我得赶紧把这事告诉我爸妈呀！你放心，我会说服父母答应婚事的！"

当赵丽把自己和郭家汉曲折的恋爱经历告诉父母后，父母除了感动，哪里还忍心再"刁难"郭家汉呢？他们当即同意了女儿与郭家汉"闪婚"！

2007年6月22日，郭家兄弟的婚礼如期举行。一大早，全村父老乡亲就自发来帮忙。他们被分为三组。第一组负责布置新房。虽然郭家兄弟的房间都是很陈旧的瓦房，但是当心灵手巧的村姑们在墙上贴上彩色剪纸，在蚊帐上别上大红花，在门口挂上大红灯笼，新房就显得格外温馨了。第二组负责准备宴席。由于很多"计划外"的村民也来捧场，预备的宴席便不够了，不少村民便自带家禽来做补充。第三组负责接亲。由于有两对新人，这个组又分为两支小分队，一支负责随郭家强到安平家接亲，另一支则随郭家汉到赵丽家接亲，两支接亲队伍到了村口再会合。

中午11点08分，两对新人准时进村。全村人奔走相告，一窝蜂地跑来看新娘子。当两对新人一到家，鞭炮声、欢呼声便响彻云霄，把婚礼推向了高潮！

下午1点14分，两对新人开始拜堂。在按当地风俗"一拜天地，二拜父母，夫妻对拜"后，两个新郎竟"擅自"增加了第四拜：郭家强四拜弟弟郭家汉，感谢弟弟对他的挚爱；而郭家汉则把第四拜献给了父老乡亲，感谢乡亲们让他和赵丽的爱情"绝处逢生"！

下午1点58分，喜宴准时开始——嗬，竟然摆了20多桌！两对新人轮流给乡亲们敬酒，乡亲们则毫不见外地为他们献上各自最质朴最真诚的祝福！觥筹交错中，两对新人洒下了幸福、感恩的眼泪！

你给我半个馒头，
我还给你200万

——一则震惊中华的报恩传奇

小露

2008年7月，新疆托克逊县斯木哈乡清贫的哈萨克族妇女马依努和女儿双双身患扩张性心肌病晚期，急需做费用昂贵的换心手术才能活命。谁能想到，远在广东省惠州市的一个名叫杨青山的老板，居然不顾自己可能破产的危险，紧急抽出200多万元资金，为马依努母女做了换心手术！

人们不禁要问：杨青山与马依努非亲非故，他怎么会如此慷慨呢？如果我告诉你，杨青山之所以这样做，仅是因为6年前，马依努曾在一场雪灾中给过他半个馒头，你相信吗？

危难之际，

邻座大姐送来半个救命馒头

今年37岁的杨青山是黑龙江省哈尔滨市王岗镇人。1991年，他参军到新疆某部队服役。3年后他复员退役，回到家乡王岗镇当了一名公务员。1998年2月，他辞职应聘到深圳市新泰电子科技有限公司做销售经理。2002年9月底，杨青山去乌鲁木齐出差。10月16日，他比原计划提前10天完成了任务，便准备去看看老家在吐鲁番市托克逊县斯木哈乡的战友买那提。

10月20日，杨青山来到托克逊县城，可他到了该县汽车站才得知：斯木哈乡十分偏远，从县城到那儿需要坐7小时的中巴，而且只有天气好时，每隔三天才有一班中巴开往斯木哈。幸运的是，第二天便有一辆中巴车开往斯木哈乡，他便赶紧买了票。他刚上车，一个哈萨克族中年妇女便扛着一个大麻袋，扶着一个老婆婆也挤上了车，坐在了他身旁……

当天的天气很不好，当车行驶到离斯木哈乡还有80公里的佳木哈时，下起了大雪。没多久，地上便是厚厚一层积雪，中巴车不时在雪地上打滑，并开始摇摇晃晃。司机焦急地说："不好，车又出毛病了！"果然，车子没多久就抛锚了。

司机打开车门准备下去修车时，刺骨的寒风就钻了进来，杨青山忍不住打了一个冷战。然而，司机鼓捣了半天，无奈地说："我们只能等待救援了……"

困在这荒原雪地里，哪看得到人影？乘客们全都神情凝重，十分焦急。天色暗下来的时候，司机告诉大家，因为油箱里汽油不多，为了节省汽油，空调只能开一阵，关一阵。每当关了空调后不久，车厢内便寒冷难耐。

好不容易等到天亮，杨青山发现雪还没有停。由于事发突然，车上只有几个人带了饼干、馒头，大部分乘客已经饿了一天一夜。而杨青山更是饥饿难忍，因为前一天早晨走得匆忙，他连早餐都没顾得上吃！当邻座的妇女对一旁的老人说："幸好我们带了3个馒头，您吃一个吧！"杨青山不由更加感到饥饿。

饥寒交迫中，大家又等待了漫长的一天。但风越刮越紧，雪越下越大，天黑时，积雪已封住了车门。这时，司机检查了油箱后说："油剩得不多了，今晚只能关空调了……"乘客们不由绝望起来。杨青山紧了紧衣服，双手抱在胸前，和大家挤在了一起。

好不容易又熬过了一夜。3天水米未进的杨青山已没有丝毫力气，只得微闭着眼睛蜷成一团。不知过了多久，车厢内忽然响起了惊叫声，他睁眼一看，才发现旁边的老人身体冻得僵硬，已停止了呼吸。那位中年妇女正抱着老人，满面泪痕，悲恸欲绝地拍着老人的脸，一遍又一遍地低声哭叫："妈，醒醒，醒醒啊！"在众人的劝说下，她才慢慢恢复平静……

又不知过了多久，当杨青山再次睁开眼睛时，发现车厢内死一般的寂静，旁边的中年妇女拿出最后一个馒头，正慢慢地嚼着。他看着她，想乞求她给自己吃一口，但终究没有说出口：她的亲人刚刚遇难，并且只带了3个馒头，怎么好意思向她乞求呢！尽管如此，求生的本能还是迫使他双眼一眨不眨地盯着她。

中年妇女觉察到杨青山正盯着自己，竟然将剩下的半个馒头递给了他。杨青山接过馒头就迫不及待地啃了起来，终于恢复了一些力气后，连说："谢谢，谢谢！"

这一夜，特别漫长。杨青山陷入了半昏迷状态，已不知道寒冷和饥饿。当他被旁边的欢呼声吵醒时，已是10月24日中午——救援人员终于开着一台推土机和一辆班车来了。原来，托克逊县有关部门得知这条公路上有人被困后，马上组织了县武警中队的15名战士前往救援。但由于大雪封路，救援人员只得一边清除两尺多厚的积雪，一边前行，结果整整赶了3天才找到他们。此时，车上已有3名乘客遇难了。看到救援人员，杨青山心里一松，再次昏了过去。救援人员以最快的速度，将杨青山等人送往托克逊人民医院抢救。

隔得再远！

恩人大姐也是我最大的牵挂

杨青山在医院再次醒来时，已是10月25日早上。他赶紧起床，找到住在隔壁病房的救命恩人——那位给了他半个馒头的中年妇女。一见面，他就跪在了她面前，感激涕零地说："大姐，是您救了我的命啊！以后，您就是我的亲姐姐！"

经过交谈，杨青山得知，这位大姐名叫马依努，是土生土长的托克逊人。自从丈夫去年病逝后，她独自拉扯着10岁的儿子尔夏迪和8岁的女儿巴雅尔，赡养着年迈的婆婆。没想到，婆婆竟然在这次雪灾中遇难——老人的遗体还在抛锚的车上啊！由于从县城至斯木哈乡仍不能通车，她得再过几天才能回家办理老人的后事。杨青山拿出纸和笔，将马依努的联系地址记了下来，又将自己的联系方式写给她，说："大姐，以后无论你有什么事，都可以找我。我永远不会忘记您的大恩大德！"

10月27日，杨青山的体力得到了恢复。他见雪已经停了两天，便转道乌鲁木齐回深圳。临走前，他特地去向马依努告别，将身上的4000元钱，留下了1500元做路费，其余全给了马依努以表谢意。

回到深圳后，杨青山马上写信与马依努联系。此后，他每隔一段时间，就会和她通一封信。知道马依努家很贫困，他每年都寄5000元钱接济，并表示自己会一直资助两个孩子读书，直到他们大学毕业。

2003年5月，杨青山辞职后，利用自己打工积累的人脉关系，来到惠州市创办了惠通人和商贸公司，经营电子设备。因为经营得法，公司取得了很大的发展。2004年，他的资产达到了300万元。此后几年，在他的苦心经营下，公司规模进一步扩大。2005年6月，得知马依努所在的斯木哈乡通了程控电话和手机后，为方便联系，他连忙寄去2000元钱，让她去装电话。

2006年6月，杨青山已经拥有上千万元资产，并将公司更名为惠州市惠通半导体电子有限公司，生产的收音机还出口非洲和美洲。此时，他越来越牵挂马依努。2007年7月，他特地到斯木哈乡看望。当他走进马依努家时，不由万分震惊——她家3口人，居然挤住在两间四处漏风的破屋里！

尤其令杨青山感慨万千的是，马依努虽然家徒四壁，但仍然将他视为贵宾招待。他临走时，她甚至将自己舍不得让两个孩子吃的果脯、果仁等50多公斤特产，足足装满了两大袋子，让他带回去。杨青山与马依努告别后，心里久久难以平静，他想：如果没有马依努，自己早就饿死在那次雪灾中了，哪来现在的一切？可她却过得这么清苦！这样想着，他不由热泪滚滚。

回到惠州后，杨青山决定出资实施自己的报恩行动——先出资12万元，帮马依努建一栋房子。哪知就在这时，马依努遇到了更大的困难！

2008年年初，马依努不时感觉到胸闷，呼吸不畅。5月2日，她在做家务活时，突然栽倒在地，昏迷不醒。此时，她的儿子尔夏迪已读高二，女儿巴雅尔读初三，两人正好放假在家。他们见母亲昏迷不醒，吓得大哭，赶紧叫邻居帮忙将母亲送往托克逊人民医院。住院一个星期后，见马依努的病情仍不见好转，医生建议她去吐鲁番市人民医院治疗。在吐鲁番市人民医院，马依努被确诊为扩张性心肌病晚期。医生神色严峻地告诉尔夏迪：这种病会导致病人的心脏不停地扩大，却不能缩小，随时可能猝死，治疗的唯一方法是心脏移植。然后，医生推荐他们前往广东省心血管病医院霍英东心脏中心治疗，但需要80多万元的费用。

80万元！一听需要这么惊人的巨额费用，尔夏迪兄妹俩急得不由抱头痛哭。他们只得在医院开了一点儿药，将母亲接回了家。邻居们纷纷劝马依努："你在广东不是有个有钱的亲戚吗？你为什么不向他求助呢？"然而，马依努拒绝了邻居们的提议：自己当初不过是给了杨青山半个馒头，却已经接受了他太多的帮助，如今怎么好意思再向他求助呢？再说，这可需要80万元啊！

接下来的两个月，马依努晕倒5次。尽管吃了急救药后都醒了过来，但她的病情一天比一天严重。

谁知，2008年7月初，放假在家的巴雅尔也突然晕倒了。马依努请人赶紧将女儿送到医院检查后，令她震惊的是，女儿居然和她患了一样的病——扩张性心肌病晚期！

家里早已一贫如洗的马依努，只得将女儿接回了家。自己身体每况愈下，现在女儿也病倒在床，她天天以泪洗面，不知如何是好。很多次，她很想打电话向杨青山求助，但每次拿起电话后，却又放了下来。

2008年8月6日，巴雅尔又一次晕倒了。服了急救药苏醒后，她双眼噙泪，拉着马依努的手说："妈，我不要死！不要死！"马依努顿时泪流满面，巨大的绝望和悲痛重重地撞击着她的心——我死了不要紧，可女儿才14岁啊！她这才决定豁出去了，给杨青山打电话求助。电话接通时，马依努吞吞吐吐了半天，这才说："弟，巴雅尔得了心脏病，需要换心才能救命……"她隐瞒了自己也身患重病的事实。

电话那端，杨青山急切地安慰说："姐，你不要急，一切都有我！你先将孩子送到吐鲁番去治疗，我将手头的工作处理完后，马上赶过来！"放下电话后，杨青山立即将手头的工作向下属做了简单的安排。8月8日，他便带着20万元，乘飞机赶往吐鲁番。见到马依努后，得知了事情的真实情况，他不由含泪埋怨道："姐，你自己都病成这样了，为什么不早和我说呢？我不是早就跟你说过，无论遇到什么困难，都有我吗！"

破产何所惧！

只要恩人逃离死神

杨青山得知广东省心血管病医院霍英东心脏中心做换心手术最权威时，他当即决定：将马依努母女接到广州治疗。2008年8月15日，杨青山带着马依努母女来到了广州。广东省心血管病医院的心血管病权威专家林曙光为她们做了检查后，一脸严肃地告诉杨青山，由于马依努的病情拖得太久，已十分严重，随时都可能出现生命危险。

果然没过几天，马依努便出现心衰、呼吸困难、供血不足和持续昏迷等严重症状，医院下达了病危通知书！经过急救，马依努清醒后，她竟然挣扎着要出院，对杨青山说："我们母女俩如果都治病，就需要160多万元！我就不用治病了，你只要能出手救治巴雅尔，我下辈子做牛做马也要报答你！"杨青山听了，假装生气地说："姐，你怎么能这样想呢？如果当初不是你心善，我能有今天吗？我当初的命都是你救来的。只要能治好你们的病，我即使变卖工厂，也在所不惜啊！"在杨青山的强烈要求下，马依努这才安心在医院里住了下来。

此时由于受金融危机的影响，杨青山的公司订单迅速减少，资金十分紧张。如果在此时抽出160万元，给马依努母女做换心手术，公司就可能破产倒闭。公司的管理人员得知杨青山要抽出160万元去救人后，纷纷反对。可杨青山却铁了心，他当即将手下的中层管理人员召集在一起，眼噙泪花地将自己和马依努相识的经过告诉了大家。讲完后，整个会议室安静了，杨青山又动情地说："在这个节骨眼上，我知道抽出160万元资金意味着什么！大家反对，也是为我担心。但只要我一想起在冰天雪地里，在我以为自己必死无疑时，大姐用她的馒头救了我的命，而她自己当时却可能会因此而饿死，我就不能忘恩负义啊！"说到动情处，杨青山几度哽咽。

销售部主管李继远听罢，红着双眼说："杨总，我支持您！不管以后您遇到了什么样的困难，我都跟着您！"李继远的话音刚落，其他人也被杨青山的大义感动，纷纷支持他的义举。

2008年9月6日，杨青山首先筹了50万元赶到广州。此时，马依努的病情更严重了，医生说如果在40天内没有适合的供体手术，她就很难再延续生命。幸运的是，10月21日，医院终于找到了配型合适的心脏供体——一位21岁脑死亡女青年的心脏！10月22日，广东省心血管病医院专家林曙光、梁永清教授主刀，为马依努施行了心脏移植手术。这次手术整整花了6个多小时，马依努的腹部内外被缝合了860多针！

马依努做了手术不久，上天再次被杨青山的大义感动了！2008年12月29日，医院又为巴雅尔找到了心脏供体——一个16岁的女中学生死于一次车祸，其家长愿意捐献女儿的心脏。由于事发突然，时间紧急，杨青山只得动用了公司65万元进货款。令他欣喜的是，巴雅尔的手术同样取得了成功！

2009年2月10日，在杨青山共花费了近200万元治疗费后，马依努母女的身体得到了恢复，医生同意她们出院了。然而，手术后的马依努母女俩每个月都必须定时服用抗排异药物，每月的费用仍需要5000元以上。为了让她们能顺利地康复，杨青山又劝说她们留在广州，并为她们租了一套房子，负责她们的全部开销。他本想送巴雅尔去上学，可医生叮嘱过她移植的心脏目前还经受不起学习的重负。他这才不得不放弃这个念头。

然而，由于紧急抽出巨资，杨青山的公司很快陷入了困境。2009年3月底，公司要进50万元的货，可其账上总共才有马上得给员工发放的50万元工资。但如果不进货，工厂就得停产。员工们得知这种情况后，纷纷表示，自己的工资可以在公司资金充裕后再补发，都愿意和老板一起挺过眼前的难关。李继远等几个中层管理人员还拿出自己的积蓄，凑了8万元钱交给杨青山，说："杨总，跟着您这样的好老板，我们心里有底。这钱是我们凑起来的，您先拿去应急……"更令杨青山欣慰的是，许多合作伙伴得知杨青山的义举后，也深受震撼，纷纷愿意与他合作。2009年4月，杨青山的公司在这个非常时期，居然比以往多赚了20多万元！

人们常说："受人滴水之恩，当涌泉相报。"杨青山珍视半个馒头的恩情，用200多万元去报答，他用自己的行动，完美地演绎了中华民族的这一传统美德。让我们祝他好人一生平安！

我用亲生儿子冒充好友"遗腹子"

——一个发生在急救室的真情谎言

飞燕

山东省郓城县的老人贾洪友太不幸了,他居然接连遭遇厄运:独子贾富生丧生,沦为孤老的他又身患肺癌晚期!老人最后的心愿,是找到儿子生前已经怀孕的女友李瑶,临终前看到孙子降生!然而,李瑶已杳无音信。谁能帮助病入膏肓的老人达成这个心愿呢?

就在老人绝望之际,怀孕半年的李瑶在老人儿子的生前好友冯小军的陪护下,突然现身,并且冒险提前剖腹产下了"遗腹子"。可是,当老人带着了却的心愿含笑离世后,人们却惊异地发现,这个孩子并非老人的孙子,而是冯小军的儿子!这究竟是怎么回事?

挚友去世，
好兄弟苦寻其"遗腹子"

　　冯小军与贾富生是一对非常要好的工友。现年27岁的冯小军是江西省浮梁县寿安镇人，他2000年10月高中毕业后，来到景德镇宏伟瓷器厂打工，与贾富生成了同宿舍的上下铺工友。贾富生比冯小军小1岁，来自山东省郓城县南赵楼乡，为人直爽、仗义，经常帮冯小军完成定额。冯小军很感激，便投桃报李，教会了贾富生游泳。没想到，他教会的"徒弟"贾富生却在一次游泳时救了他的命。

　　那是2002年8月的一天晚上，两人一起到河西浮桥附近的河里去游泳。下水前，贾富生提醒冯小军先活动一下，冯小军却满不在乎地说："没事，我可是在水里泡大的。"哪知几分钟后，冯小军的右腿抽筋，随即便溺水了。贾富生托着他的脖子，费了九牛二虎之力，终于把他救上了岸。从此，他俩的关系更铁了。

　　2004年4月，贾富生跳槽去了海明瓷器厂，两人不在一起工作了，但仍然密切来往。冯小军的父亲患风湿病丧失劳动能力，他既要给父亲治病，又要供弟弟上学，经济很拮据，贾富生便经常接济他。而冯小军得知贾富生的母亲已过世，其父贾洪友独自一人在枣庄煤矿打工后，便拜托母亲给贾父织了一身毛衣裤寄去……

　　到了2006年年底，冯小军与四川南充籍女孩齐惠谈起了恋爱。时年24岁的齐惠毕业于四川省财会学校，在景德镇表姐开的物流公司做会计。他俩交往到2007年3月，领证结婚了。婚后，冯小军经常催促齐惠为贾富生介绍对象。不久，齐惠便把自己的南充老乡、在宏福瓷器超市做收银员的李瑶介绍给了贾富生。贾富生和李瑶很快相爱，并同居了。

　　然而，世事难料。2007年12月13日晚上9点，冯小军突然接到李瑶的电话："冯哥，富生出事了！"心急如焚的冯小军得知贾富生被送往景德镇市第一人民医院后，便飞快地赶过去，但贾富生此时已因心肌梗死去世了。原来，当晚李瑶和同事一起吃饭后，打包带回来一些吃的，便喊正在睡觉的贾富生起床，哪知他一动不动……看到李瑶痛不欲生，冯小军不由愧疚不已——前段时间，他已看出贾富生的脸色不好，却以为是贾富生热恋中熬夜太多的缘故，现在想想，那是他身体有病啊！如果提醒他去检查一下，也许就能避免悲剧发生！冯小军越想越懊悔，忍不住扇起了自己的耳光。

第二天，冯小军强打精神为贾富生准备后事。可就在这时，齐惠的父亲在开山时不慎被炮炸伤了头，昏迷不醒。冯小军实在走不开，只好让齐惠独自先回南充，哪知李瑶却执意要和齐惠一起回老家。冯小军吃惊地问她："富生的后事还没办，你怎么就想离开呢？"李瑶流着泪说："我实在不想面对送丧的场面啊！"冯小军拗不过她，只得让她俩结伴回南充了。

当天下午，贾富生的父亲贾洪友抵达景德镇。在儿子的遗体前，他老泪纵横地哭诉："富生，你这个浑小子怎么这么狠心，抛下我就走，让我成了孤老啊！"冯小军听后顿时放声大哭："大叔，从今往后我就是您的亲儿子！"

冯小军和贾洪友强忍悲痛，为贾富生操办丧礼，一直忙到晚上6点。这时贾洪友突然问："我怎么没见到富生的女朋友？"冯小军刚要解释，贾洪友又恍然大悟似的自语道："哦，我糊涂了，她现在不能见富生。"见冯小军很疑惑，贾洪友便解释说："不久前，富生给我打电话，说他女朋友怀孕了。孕妇不能见死尸，你现在就带我去见她吧，我去求她把孩子生下来，我来养活。"冯小军听罢非常吃惊：贾富生生前怎么没提起过李瑶已怀孕的事呢？……他连忙打电话向李瑶核实，可李瑶的手机已关机。他实在不忍心再打击贾洪友老人，便谎称李瑶回老家静养去了。

善意谎言：
亲生儿伪装成好友"遗腹子"

避开贾洪友后，冯小军赶紧拨打齐惠的手机询问李瑶的情况。齐惠却说两人在南充市汽车站分手，各自乘车回家了。由于两家隔着300多里地，此时齐惠也已怀孕，父亲又正在医院里抢救，她不可能去找李瑶。但齐惠分析说："李瑶是个重情义的姑娘，她躲回老家，可能正是想把孩子生下来；否则，她随便在景德镇找家医院，不是就能引产吗？"

　　冯小军觉得齐惠的话很有道理，便把情况告诉了贾洪友。可贾洪友伤心地念叨："她不会要那个孩子的！"冯小军看到老人如此绝望，情急之下撒谎说："肯定会要的！李瑶临走前还说回来后就去山东看您呢！"贾洪友顿时惊喜地说："那真是谢天谢地！"由于急着带儿子的骨灰回去安葬，贾洪友只待了5天就要回山东了。这时，冯小军毅然决定去南充帮老人找李瑶，他望着贾富生的骨灰盒，默默地说："兄弟，我一定要想办法留住你的孩子，让老人宽心。"

　　送走贾洪友后，冯小军向单位请了假，乘当天的火车赶到南昌，再换乘火车赶往南充。抵达南充后，他先去营山县人民医院外科探望了岳父，便赶往李瑶的老家西充县金山乡。可当他找到李瑶的家时，她的父母却说她只待了一天就走了，不知去了哪里。冯小军一遍遍地对其诉说贾洪友的心情，但李母依旧不透露李瑶的去向。

　　更让冯小军心焦的是，贾洪友每天都打电话来询问李瑶的情况。冯小军一边极力安抚他，一边继续做李母的工作。终于，李母说了实话：李瑶在南充市她的姐姐家里。冯小军当即按照李母提供的地址找到了李瑶。谁知，李瑶却说自己早在一周前就打掉了孩子，并拿出了流产证明。冯小军悲伤地想：贾洪友刚刚遭遇丧子之痛，如果此时说孩子没了，万一老人撑不住怎么办？不如先对老人隐瞒一段时间，等老人想开些，再说实话也不迟。于是，贾洪友再打电话来时，冯小军继续谎称自己还没找到李瑶。贾洪友虽然很失望，但仍一再愧疚地说："给你添麻烦了，这事就拜托你了。"

　　一周后，齐惠的父亲转危为安，冯小军和齐惠回到了景德镇。半个月后的一天下午，贾洪友再次打来电话说："我估计那孩子早不在了！我就是断子绝孙的命啊！这是咱爷俩最后一次通电话了，我……"话没说完，老人发出一阵剧烈的咳嗽，随即电话便挂断了。冯小军觉得老人的话很蹊跷，越想越不放心，他想起贾富生的一个远房堂哥一年前曾在景德镇打工，回去后还和自己有联系，便打电话向他询问老人近况，结果竟得知贾洪友在一周前被确诊为肺癌晚期，处境很凄凉。

　　冯小军非常震惊，当即和齐惠商量，要去郓城照顾贾洪友。齐惠很支持他，主动让他把家里的2万多元积蓄带上，并要和他一起去看望老人。一路上，冯小军沮丧地说："要是那个孩子还在，对老人该是多大的安慰啊！"说着说着，当他的目光落在齐惠身上时，突然冒出一个念头：齐惠已经怀孕近5个月了，老人既没见过李瑶，也不认识齐惠，如果让齐惠冒充李瑶，岂不是可以让老人不留遗憾地离开人世吗？他当即说了这个想法，但齐惠却觉得不妥。

2008年1月19日，他俩抵达贾洪友住院的郓城县中医院内科病房时，却得知贾洪友已在几天前出院回家了。两人又匆匆赶到贾洪友的家里，见到的情形竟然那么令人揪心：屋里到处是厚厚的灰尘，堆满杂物；老人蜷缩在床上，竟然有两只老鼠在床尾啃噬被角露出的棉絮！看见冯小军进来，老人强撑着爬起来，眼泪随即流了下来。但当他看见冯小军旁边的齐惠时，眼神却突然亮了起来，惊疑地盯着她问："你是……"

齐惠看着眼前的惨状，惊呆了，随之悲怜不已，顿时想起冯小军的那个提议。当看到老人满脸期待时，她当即接过话说："爸，我是李瑶，我看您来了。"齐惠的回答让贾洪友又惊又喜。见她还留着孩子，老人激动地说："闺女，难为你了，我们贾家对不住你呀！"齐惠连忙安慰他说："爸，别这样说，是我舍不得孩子。"说完，她挽起袖子开始收拾屋子。

当晚，为方便照顾老人，冯小军陪他睡在一张床上，齐惠则睡在贾富生的房间里。谁知第二天，老人却态度大变，主张齐惠去拿掉孩子。原来，老人一夜没合眼，觉得自己不久于人世，如果让"李瑶"生下孩子，以后对她肯定是个累赘，自己不能太自私了！冯小军急中生智说："孩子出生后我养。我媳妇患了不孕症，我正想抱养一个孩子呢！"贾洪友大喜过望，泪流满面地说："这是天意啊！是老天爷可怜我呀！"

感人肺腑，

提前剖产让老人含笑离世

一周后，齐惠返回了景德镇，冯小军则留下来照顾贾洪友。原本已经拒绝就医的贾洪友因为看到"李瑶"保留着孩子，重新振作了起来，积极配合医生，定期去郓城县中医院内科做化疗。化疗的副作用使他吃什么吐什么，但他吐完就再吃。为了增强疗效，他让冯小军为他买来蟾蜍皮等，烘干后碾成粉末服用；这些粉末有一种难闻的味道，但他即使憋得青筋直暴，也坚持服用。

一个疗程下来，贾洪友的牙床全烂了，喝凉水都疼得龇牙咧嘴。为减轻他的痛苦，主治医生建议他使用进口药物化疗，但他却嫌进口药太贵。冯小军便让医生悄悄为他换药，差价由自己补上。很快3个疗程下来，冯小军带来的2万多元便花光了，只得向齐惠求助。齐惠深深理解丈夫替好友尽孝的一片真心，马上向娘家哥哥借了3万元，给冯小军汇了过来。此后的两三个月里，贾洪友又进行了4次化疗，病情却始终没有明显好转。这期间，齐惠每月都来探望他。看着她的肚子一天比一天大，贾洪友的眼神也越来越充满了期待。

2008年4月底，贾洪友的胸腔出现大量积液，医生诊断他的癌细胞已经扩散到整个肺部，病情严重恶化。此时，齐惠已怀孕9个月，不适合长途颠簸，但她闻讯后还是在表姐的护送下，赶到了郓城。贾洪友一看见她，就喘着粗气说："闺女，我等不到孩子出生了。"齐惠连忙安慰他说："你很快就会好起来。"贾洪友摇着头说："昨晚我梦见富生了，他说他在那边孤零零一个人，让我过去陪他。"冯小军和齐惠一个劲劝他不要胡思乱想，但暗地里却为不能继续延长老人的生命而伤心掉泪。

5月2日上午10点，正躺着输液的贾洪友突然呼吸变得异常急速，竟然猛地坐起来，一把拔掉输氧管，直喘粗气，两只手使劲抓挠自己的脖子，不一会儿就抓得鲜血淋漓……医生对他采取了各种措施，都不能有效地减轻他的痛苦。情急之下，一个老中医教给了冯小军一个土办法：用手揉胸。冯小军一刻不停地揉了2个多小时，全身的衣服都被汗湿透了，才使贾洪友的呼吸变得顺畅起来。老人拉着冯小军的手感激地说："我又能多活一天了，离我看到孩子的日子又近了一天。"

这位不幸的老人撑到现在，是多么强烈地希望看到孩子出生啊！冯小军内心震撼了，但他清醒地意识到，老人的病情会一次比一次严重，随时会离开人世。现在离齐惠的预产期只有一个多月了，如果老人这时去世，那将是多大的憾事！怎么办？突然，他心头涌上一个大胆的想法：能不能让齐惠提前把孩子生出来呢？征得齐惠的同意后，两人一起到郓城县中医院妇产科咨询。医生明确告诉他们，胎儿至少满38周才能称得上足月，齐惠的孕期只有36周，强行早产，孩子会有危险。

听了医生的忠告，冯小军犹豫了。他怎么舍得拿孩子的安危开玩笑呢？但老人危在旦夕，他又不忍心眼睁睁地看着老人带着遗憾离开人世。为此，他急得吃不下饭，睡不着觉。齐惠看在眼里，非常心疼，决心帮他满足老人的心愿——提前剖腹产把孩子生下来！她安慰冯小军说："我们的孩子一定会没事。我弟弟就是早产儿，出生时只有7个月，从小到大，身体不是一直很好吗？"两人再次去请求医生提前做剖腹产手术。医生听了原委后非常感动，当即给胎儿做了详细检查，确定孩子出现危险的可能性不大后，这才同意了，并把手术时间定在5月4日上午9点。

然而，5月4日上午，就在齐惠被推进手术室的10分钟前，贾洪友的病情进一步恶化，处在了弥留的生死关头！老人直挺挺地躺在病床上，呼吸异常艰难，却顽强地瞪着双眼……冯小军大声说："'李瑶'进手术室了，您坚持啊！"老人已经发不出声，眼角的泪簌簌往下掉，拼命抬起左手，示意冯小军去产房那边等消息。

剖腹产手术争分夺秒地进行着。9点15分，进行腰部麻醉；10点35分，麻醉师检查麻醉效果——偏偏意外发生了，齐惠竟还有微痛感，这意味着麻醉效果不明显，手术中产妇会很痛苦。麻醉师建议再次麻醉，但齐惠深知老人已经快不行了，如果再次麻醉，还需要一个多个小时，老人很可能就撑不到孩子出生了！于是，她咬牙说："开始吧！"——尽管医生的动作尽可能地轻一些，尽管齐惠做好了足够的心理准备，但当腹膜被撑开时，她还是疼得冷汗直流，啊的一声昏死了过去……

11点55分，孩子终于出生了，是一个6斤重的男孩。一直在妇产科和内科两个病房之间来回奔波的冯小军甚至没顾得上看一眼孩子，抱着就朝贾洪友的病房跑去。他把孩子举到贾洪友的眼前，高喊着："您的孙子出生了！男孩，是个男孩！"已经陷入半昏迷状态的贾洪友听到后猛然睁大了眼睛，牢牢地盯了孩子几眼，咧嘴笑了起来……几分钟后，老人含笑长逝。

第二天，冯小军在贾富生的几个堂哥的协助下，为贾洪友操办了丧事。随后，贾富生的几个堂嫂争相把"李瑶"邀请到自己家里坐月子。在她们的精心护理下，齐惠的身体恢复得很快，孩子的状况也一切良好。

半个月后，冯小军和齐惠要离开了。他俩抱着孩子来到贾洪友和贾富生的坟前告别，冯小军说："大叔，富生，孩子的名字取好了，叫冯贾宝，他永远是我们两家人的宝贝！以后，我们每年都会带他回来给你们扫墓……"

打工儿孙紧急返乡，奠拜一条忠义小黑狗

周擎松

这是一个令人感动的真实故事。

在河南省三门峡市卢县的大山里，一位被在外打工的儿孙们冷落的老奶奶，养了一条小黑狗与她相依为命。邻村一个不良青年借机假意认老奶奶为"外婆"，然后一次次偷盗老奶奶的钱财，最后还对老奶奶动了杀机！危急时刻，小黑狗勇敢地与歹徒浴血搏斗，保护老奶奶直到休克。当身负重伤的小黑狗苏醒后，发现老奶奶被杀害，它居然以惊人的毅力引着干警艰难爬行5公里，找到重要物证，使得案件顺利告破。

小黑狗舍身救主的忠义行为感动了老奶奶的儿孙，他们把小黑狗与遇害的老奶奶合葬，虔诚地跪下，祭奠这条义狗。然而，对比这条忠义勇敢的小黑狗，这些整年打工在外，顾不上关心、照顾老人的儿孙该反思些什么呢？

孤苦伶仃，

夕阳里老人与小狗相伴

今年74岁的史桂荣老奶奶，家住河南省卢县官道口镇永渡村三家沟组。虽然老伴在1990年去世了，但老奶奶起初并不孤独：她儿孙满堂，每天孙儿孙女绕膝承欢，全村人无不羡慕。

然而好景不长。1994年春，大儿子到广东佛山打工，不久就把儿媳和孙子带走；次年春，小儿子也到佛山打工，随后同样把儿媳和孙子带走；而女儿早就出嫁，很少回娘家。这样，家里只留下老奶奶一人孤苦度日。

刚开始，两个儿子一年还能回来看她一两次。但渐渐地，他们两三年才回来看一次老奶奶。为了排解孤寂，老奶奶便开始养狗，最多时养了9只。她和小狗们同吃一锅饭，同睡一张床，小狗们成了她无话不谈的朋友，给她孤独的晚年生活带来了不少乐趣。

2006年春天，老奶奶出现了严重的脑缺氧症状，动不动就头晕目眩，不省人事。然而，即使这样，儿孙们也没有回家来看她一眼。悲凉至极又自感大限将至的老奶奶将小狗们唤到一起，一只一只地看了又看，摸了又摸，然后忍痛将它们一一送给了亲朋乡邻。

在淳朴乡邻的帮助下，老奶奶住进了县人民医院。经过一段时间的治疗，病情有所好转。当她回到家时，惊喜地发现当初送走的一只怀孕的母狗跑了回来，饿得瘦骨嶙峋，有气无力地卧在她家旁边的一个破窑洞里。老奶奶心疼得直掉眼泪，赶紧找吃的喂养这只母狗。

2006年8月，母狗生下3只小狗后因极度虚弱死去，而两只小狗也因先天营养不良先后夭折。望着剩下的那只奄奄一息的雌性小黑狗，老奶奶暗暗发誓一定要把它养活。大病初愈的她步行20多公里山路，到镇上买来两袋奶粉，冲给它喝；怕它消化不好，她把馍馍放在自己的嘴里嚼烂成糊，再一口一口地喂它；怕它晚上冻着，又把它放在被窝里，搂着它一块儿睡觉……在老奶奶的精心照料下，小黑狗终于活了下来。看着它一天天长大，老奶奶十分欣慰，给它起名"黑黑"。

然而，正当老奶奶的生活因为有了"黑黑"而重新有了些乐趣时，一个好逸恶劳的小青年突然盯上了她。这个人名叫付彦方，是与三家沟组相邻的沟头组人。他初中毕业后曾在家人的催促下外出打工，因一事无成，后来只好又回到了山村。当生计成了问题时，他偶然到三家沟串门，见老奶奶孤身一人，便打起了歪主意。

2006年9月的一天，付彦方来到老奶奶家嘘寒问暖。长期孤独的老奶奶，想到自己的儿孙没有一个人在身边，而这个外人却如此关心自己，自然很受感动。她老泪纵横，拉着付彦方的手，当下认他做"外孙"。付彦方就势跪下，磕了3个头，拜老奶奶为"外婆"。

次日，老奶奶就拉着"外孙"，走了20多公里山路到镇上，给他买了一件新衣，上上下下打量着"外孙"问他满不满意。他装出一副感动的样子连声说好，还一口一声"姥姥"，把老奶奶叫得热泪盈眶。

经过暗中观察，付彦方发现老奶奶并没有什么积蓄。正在失望之际，老奶奶的核桃收获了，让他帮忙送到镇上去卖。他卖了930元钱，回来后却谎称今年的行情不好，只卖了600元。老奶奶虽然有些疑惑，但因为宠爱"外孙"，反倒一边把钱放进箱子，一边拿出100元给他，说："我一把年纪，也用不了多少钱，卖多少算多少。你辛辛苦苦地跑，就给你100元的辛苦钱吧。"谁知，付彦方不仅一点儿也不客气地接下了钱，还贪心不足地琢磨怎么把另外那500元钱"捞"到手里！

恩将仇报，
"外孙"变成"大灰狼"

2006年10月中旬的一天，老奶奶决定让"外孙"带她去镇上赶集，给嘴馋的"外孙"买点肉吃。付彦方觉得这是下手的好机会，便在出门时故意把手表放在家里。刚刚走了一会儿，他装作突然想起来的样子，对老奶奶说："我把手表忘家里了，不知道时间可不行，我得回去拿。"老奶奶只好在路边等着。付彦方飞也似的跑回去，为了制造被盗的假象，他放着钥匙不用，三下两下把门撬开，然后直奔老奶奶放钱的箱子。

然而付彦方这样"回家"，引起了留守在家的"黑黑"的警惕。他刚一掀开箱盖，"黑黑"便扑上来又抓又叫；他一脚就把还不健壮的"黑黑"踢开，然后迅速翻出老奶奶藏在箱底的500元钱，揣在兜里。"黑黑"疼得汪汪乱叫，打了几个滚后，又顽强地站了起来，咬住付彦方的裤腿死活不放，他只得再次把它踢开。可他没走几步，"黑黑"又扑了上来。折腾了好一会儿，他也没走出院子。气急败坏的他索性一把捏住"黑黑"的脖子，将它扔进旁边一只大箱子里，盖上箱盖，恶狠狠地说："让你咬！让你叫！我让你在里边闷死！"之后，他赶到老奶奶身边，若无其事地和老奶奶一块儿赶集去了。

下午回来后，老奶奶发现门被撬时，大惊失色。当发现自己的500元钱不翼而飞时，她顿时气得捶胸顿足，老泪纵横。就在这时，她听到另一个箱子里传来"黑黑"的呻吟。她疑惑地打开箱子，发现"黑黑"瘫软在里边，便赶紧把它抱出。过了好一阵子，"黑黑"才缓过劲来，挣扎着从老奶奶的怀里跳下来，对着付彦方龇牙咧嘴狂吠起来。付彦方连连后退，惊出一身冷汗。老奶奶见状，抱起"黑黑"嗔怪道："你是不是在里边憋晕了，连自家人都不认得了？"从此，"黑黑"和付彦方结下了怨仇，只要老奶奶在场，它一见到他就充满敌意，随时准备攻击；而老奶奶不在的时候，它则远远地躲到一边,时刻保持戒备。不明就里的老奶奶不明白"黑黑"的心思，自然也少不了时常责备它。

11月上旬，老奶奶赶集卖核桃卖了800元钱。付彦方知道后又打起了主意，他买了礼品到老奶奶家登门看望，故技重演，再次把老奶奶的800元偷到了手。"黑黑"当然不会放过他，这次它狠狠地在他的腿上咬了一口。急于脱身的他恼羞成怒，一脚把它踢昏，又把它关进了箱子。老奶奶回到家后，再度从箱子里救出"黑黑"。这次"黑黑"一被救醒，就对付彦方发起攻击。但它毕竟太小，更何况有不知情的老奶奶袒护，"黑黑"没能咬到付彦方。不甘心的"黑黑"绕着付彦方不断地狂吠，以至于老奶奶不得不用绳子把它拴起来。"黑黑"委屈地吠叫着，双目发出怒火盯住付彦方，像是在说："别得意，我不会放过你这个坏蛋的！"

两次蹊跷而惊人相似的被盗，终于引起了老奶奶的怀疑，但她怀疑的对象却是同村的青年白江华。她向当地派出所报了案，干警来到她家，对现场进行了勘查，对重点怀疑对象白江华进行了询问，却发现白江华并没有作案时间。当干警接着对有作案嫌疑的付彦方进行询问时，老奶奶很不高兴地对干警说："你们怎么怀疑他？他是我'外孙'，对我最好，最孝顺。他绝对不会干这种伤天害理的事！"干警只好将此案暂时搁置起来。

付彦方受惊一场，吓得一时收手。然而，时间一长，他又按捺不住了。2007年7月，付彦方又动起了歪心思。此时"黑黑"已经长大，健壮勇猛，不可小觑，于是他在作案前准备了一根粗木棍对付它。

2007年7月26日傍晚，付彦方悄悄来到老奶奶家旁一个破窑洞内藏了起来，观察老奶奶家的动静。晚上8点多，老奶奶吃过晚饭后，带着"黑黑"到邻居家聊天。付彦方趁机溜进老奶奶家翻箱倒柜，可找了半天什么也没有找到。原来，老奶奶有了前两次失窃的教训，已不敢把现金放在箱子等易被窃贼发现的地方了。付彦方哪里甘心，他又翻了半小时，最后在墙缝里找到了一包东西。他如获至宝地揣在怀里，迅速逃回藏身的窑洞里。

在窑洞里，付彦方借着打火机微弱的亮光，把包裹揭了一层又一层，终于露出一张1500元的存折和一沓不知何年何月的旧粮票。他欣喜若狂，顺手把旧粮票烧掉后，突然想道：光有存折不行，得有身份证才能把钱取出来，还得去老奶奶家偷出身份证！于是，他在窑洞里耐心等候。就在这时，一条黑影"嗖"的一下蹿了过来，他还没反应过来，腿部就被狠狠地咬了一口——原来"黑黑"跟踪到这里来了！

忠义小狗，
几度休克拼死护主

付彦方忍着剧痛，举起粗木棍朝"黑黑"打去。但"黑黑"左扑右闪，不仅躲过击打，还趁机把他的左臂咬了一口。他恼羞成怒，瞅准机会对着"黑黑"劈头就是一棍，一下子把"黑黑"打晕了。接着，他又上前拼命击打数下，直到觉得已把"黑黑"打死了才罢手。

付彦方受此惊吓，在窑洞里直喘粗气，他本想就此罢手，却又心有不甘。一直等到深夜10点多，估计老奶奶已经睡着了，他才幽灵一般翻窗而入，很快偷到了老奶奶的身份证。然而，当他转身离开时，却发现一双闪着绿光的眼睛正瞪着他，竟然是大难不死的"黑黑"！ "黑黑"身负重伤，已经不再有攻击能力了，但它堵住门口，机灵地和付彦方保持距离周旋，并大声吠叫，以唤醒沉睡的老奶奶。

"汪汪"的吠声一声紧似一声，就像拉响的警笛一样，吓得付彦方惊恐万分。他举着木棍打"黑黑"，却被它一次次机灵地避开。老奶奶终于被惊醒，当看到付彦方时，立刻明白了一切。她愤怒地大声斥责道："好你个贼娃子，原来是你！你偷外婆的东西，连一条狗都不如！看我不打死你！"她扬起拐杖就打。见自己的丑行败露，急红了眼的付彦方恶念骤起，没等老奶奶的拐杖落下，他已扬起手中的木棍朝老奶奶的头部打去。"黑黑"见状，以惊人的毅力，大叫一声，拼尽全身力气，一跃近2米高，一口咬住付彦方罪恶的胳膊，狠命地扯下了一块肉。付彦方痛得大叫一声，木棍应声落地。然而，身负重伤的"黑黑"由于用力过猛，重重落地后再度休克。

丧心病狂的付彦方趁机对"黑黑"一阵猛打，老奶奶见状不顾安危，挺身上前阻止，并大声骂道："你这个畜生！你这个连狗都不如的畜生！我真是瞎了眼，认你这个畜生当外孙！"付彦方歇斯底里地叫道："我就是不如狗又怎样？老子今天要整死你！你后悔也来不及了！"说着，他举起木棍朝老奶奶打去，一连打了六七下，直到把胳膊粗的木棍打断才住手。

看到老奶奶已经断气，丧尽天良的付彦方才仓皇逃离。他如惊弓之鸟一口气跑了大约5公里，钻进一处僻静山洞，脱下沾满血迹的衣服，卷成一团塞到山洞深处一堆已经腐烂的麦草堆里，然后潜回家换衣服。

次日早晨，邻居路过老奶奶家门口，听到院子里"黑黑"凄惨的叫声，好奇地循声进屋，惊骇地发现老奶奶已经遇害，便赶紧报警。而"黑黑"匍匐在老奶奶的身边哀鸣一阵后，再次昏迷过去。

办案干警迅速赶到，对现场进行细致的勘查后，初步推断为谋财害命。可由于地点偏僻，又是深夜作案，没有目击证人和物证，干警一时犯难。这时，生命力极其顽强的"黑黑"再度苏醒，它一边拖着受伤的身体往外走，一边回头吠叫。干警立即明白了：它极有可能知道有价值的线索！于是，干警和部分村民跟着"黑黑"往外走，但谁也没有注意到"黑黑"踉踉跄跄的步伐。

就这样，"黑黑"嗅着付彦方的气味，翻过两个山包，走了大约5公里，终于把大家引到一处山洞，已近虚脱的它突然大叫起来，疯狂地用爪子刨山洞深处的麦草堆。

干警走过去扒开一看，竟是一团沾满血迹的衣服！得到这么重要的物证和线索，干警十分高兴，然而就在这时，拼尽了最后一丝力气的"黑黑"无声无息地倒下了！它再也没有起来，它永远不能起来了！

直到这时，大家才悲痛地发现："黑黑"左前腿与右后腿早已断裂，多处肋骨骨折！而腹部一处裂开的伤口，露出了已经破裂的脾脏，渗出殷红的血！它浑身瘀血，没有一处无伤！大家感叹不已，不少人当场流下了热泪——"黑黑"啊！你是怎样走过这5公里坎坷不平的山路啊！你真是一条忠烈的义狗啊！

2007年7月28日，连狗都不如的犯罪嫌疑人付彦方，终于被警方抓获归案。同日，老奶奶的两个儿子和一个女儿携带着他们的孩子赶了回来，村民们怀着钦佩的心情向他们讲述了这个亲眼所见的传奇故事。老奶奶的孩子们听后惭愧不已，又感动万分，他们做了一个惊世骇俗的决定：把义狗"黑黑"与奶奶合葬一墓。

次日下葬时，三家沟组所有的村民都来了，附近听说此事的村民也赶来了……当奇特的合葬墓修建起来后，老奶奶的子孙们虔诚地摆下供品，怀着深深的愧疚齐齐跪下了。老奶奶的大儿子满脸泪水地说："娘，我们只顾自己，把您一个人扔在这里，几年来都没有一句问候，只有'黑黑'一直陪伴着您，它比我们更有情有义啊！就让'黑黑'这条忠义的狗陪伴在您的身边吧，但愿您在另一个世界里不再孤寂！"看到这一幕，送葬的众多村民感叹不已。

2007年11月，河南省三门峡市中级人民法院对付彦方故意杀人案做出判决（三刑初字[2007]182号判决书），以故意杀人罪判处被告人付彦方死刑，缓期两年执行，剥夺政治权利终身。

儿孙满堂的史桂荣老奶奶，到了风烛残年却要孤苦伶仃地生活，这已经是令人遗憾的事了；而她老人家最终还被一个无赖残忍地杀害，这更令人心痛！唯一令人感叹的是，小黑狗不仅陪伴着老奶奶，最终还用它的生命回报老奶奶，帮助干警抓获了凶手，演绎了一个感人的真情故事，慰藉了老奶奶的在天之灵。小黑狗用它的生命告诫人们：在忙着打工挣钱的时候，请不要遗失了亲情。亲情是人间最美好的感情，遗失了这份感情，我们真该在可敬的"黑黑"墓前汗颜！

到中国去!
走投无路的华尔街CEO投奔"忘年交"

筱陆

2008年春节期间，江苏省仪征市谢集乡一户农家，来了一个美国中年男人，他在这里一住就是数月。让人惊讶的是，这个美国人曾是纽约华尔街一家公司的CEO，此时他遭遇美国次贷危机导致破产，又不幸身患绝症!

他为何会不远万里来到中国农村呢？他的命运又将如何？一位美丽的中国女孩给出了答案……

结缘南京，

美国大叔义助中国辍学女孩

1984年6月出生的刘怡晴，是江苏省仪征市谢集乡人。2001年3月，刘怡晴的父母遭遇车祸，父亲当场死亡，重伤的母亲右腿被截肢。正读高二的她不得不含泪辍学，来到南京夫子庙，靠销售雨花石谋生。

2001年6月初的一天清晨，刘怡晴经过夫子庙西侧出口时，看到一个外国中年男子被几个提篮小贩围住，脱不了身。上学时英语不错的刘怡晴忙走上前用英语说道："您好！请问您需要帮助吗？"外国男子马上向刘怡晴求助道："帮帮我，我被他们缠住了。"刘怡晴好不容易把小贩们劝开了，替这个外国人解了围。交谈中，外国人自我介绍说他来自美国，名叫霍顿，并请求刘怡晴给他当一天导游。

时年48岁的霍顿是美国纽约曼哈顿区华尔街菲勒投资公司的CEO。为了缓解巨大的工作压力，霍顿每年都要独自出国旅游一次。这是他第一次来中国。他在5月底游完北京后，又来到南京。由于语言不通，他拿着一个快译通与人交流，但还是吃了不少苦头。

那天，刘怡晴带着霍顿游览了总统府和中山陵。霍顿了解到刘怡晴自学了大学英语课程，还获得过江苏省中学生英语比赛的第四名，只因家庭变故才不得不辍学挣钱给母亲治病，不禁对她产生了深深的同情。

傍晚，霍顿与刘怡晴分别时，拿出1000元递给她，说："这是给你的报酬。"刘怡晴从中抽出了一张100元，然后又从口袋里拿出50元递给霍顿说："50元报酬就够了！"霍顿几次硬把钱塞给她，都被刘怡晴推辞了，她说："中国有句古话叫'无功不受禄'，50元已足够了。"霍顿很是惊讶：居然还有如此纯洁的女孩！于是，他请求刘怡晴次日继续给他当导游。

第二天，刘怡晴挑选了8块精美的雨花石送给了霍顿。霍顿爱不释手，得知刘怡晴的家乡仪征市盛产雨花石，他马上要刘怡晴带他去仪征市看看。

6月9日，刘怡晴带霍顿来到了仪征市。在河滩逗留了一会儿后，霍顿去了刘怡晴家，看着她家家徒四壁的境况，再看看瘫痪在床的刘母，他心情非常沉重。他认真地说："你想继续上学吗？让我来帮助你吧！"然而，刘怡晴却说："我当然想上学，但我想自己挣到学费后再去复读！"听了这话，霍顿再次对眼前这个坚强的中国女孩产生了敬意。

在返回南京前，霍顿又提出帮刘怡晴的母亲安装假肢，这一次，刘怡晴没拒绝霍顿的好意——她太希望母亲能站起来了！刘母安装了假肢后，霍顿离开了南京。走前，他还特地给刘怡晴留下了电子信箱和公司的地址。

霍顿回美国后，刘怡晴又继续在南京做起了小贩。她虽然时常想起这个好心的美国大叔，但从不敢冒昧地打扰，所以一直没有给他写信。

2001年8月底，刘怡晴的母亲突然打电话给她，说老师来家里找过她，要她复读，并说学校答应免收学费。2001年9月，刘怡晴重返学校后，老师告诉她，她作为特困生，获得了爱心人士资助，不仅解决了学费，每月还有200元的生活费，并说资助人不愿透露个人情况。

有了这笔资助，刘怡晴顺利地读完了高三，并于2002年7月考上了南京师范学院。饮水思源，刘怡晴找到高中班主任邱老师，央求她提供资助人的信息。邱老师拗不过她，只得告知真相：资助人是远在美国的霍顿先生！原来，在与刘怡晴相处的那几天，霍顿被她的坚强和自立深深打动了，很想帮助她，可是刘怡晴一再拒绝，于是霍顿只好"曲线"资助刘怡晴，他托付了几个朋友，找到华尔街一家中国分公司的经理王立帮忙，联络上了刘怡晴的班主任，让她瞒住刘怡晴……

老天不公!
美国恩人破产后又身患绝症

刘怡晴听了班主任的话，难抑激动的心情，马上到网吧给霍顿发了一封表示感谢的电子邮件。几天后，霍顿回信告诉刘怡晴，他的年薪有40万美元，资助她读书只是一个微不足道的小小善举。在信里，霍顿说："帮助你，我感到很快乐！"他还让刘怡晴申请了MSN号码，这样两人就可以随时上网联系了。

2002年8月初，霍顿询问刘怡晴的大学学费问题，刘怡晴回复说："我准备申请助学贷款，再勤工俭学，肯定能解决困难的!"霍顿说："如果有困难，就跟我说。请你记住，我们是朋友!"刘怡晴心中涌起一股暖意。

大学期间，刘怡晴每个月都在网上向霍顿汇报自己的学习和生活情况。一天，霍顿在网上问刘怡晴："你了解华尔街吗？这是个遍布财富和梦想的地方。"他向刘怡晴提出了一个建议，让她努力学习，大学毕业后，通过托福考试来美国，他可以提供相关帮助。那天，他们还郑重约定：4年后，刘怡晴通过自己的努力，到美国留学! 这个约定对刘怡晴产生了很强的激励作用，她马上又报考了国际金融贸易专业，准备在毕业时拿到双学位。

霍顿了解到中国有不少偏远山区的孩子因为贫穷而失学，便有心做点慈善事业。经过刘怡晴穿针引线，他拿出18万美元，在江苏省宿迁市捐建了魏营希望小学，又在仪征捐建了青州希望小学。

大三那年，刘怡晴与同班男生李灿明谈起了恋爱。2006年6月底，刘怡晴正在紧张备考托福，准备实现与霍顿的约定时，母亲的半截伤腿病情却突然恶化，她只得放弃考试，回老家照顾母亲。一个月后，母亲腿伤痊愈，她才返回南京。带着遗憾，刘怡晴只好在南京市秦淮区纬七路的恺达外贸公司应聘当了翻译。她熟悉了外贸业务后，不甘平庸的她很快萌生了自己创业的念头。2006年年底，刘怡晴从公司辞职，借了一笔钱，注册了南翔商贸公司，与男友一起经营，专做外单服装鞋帽业务，不到半年，他们就净赚了近15万元。

霍顿得知刘怡晴开了公司，还把产品销到了美国，高兴地说："我说过你是个不一般的女孩，果然没令我失望!"刘怡晴提出将霍顿以前资助她的钱还给他，可霍顿却让她用这笔钱资助了仪征三中的贫困生龙梅。

然而好景不长，2007年7月，刘怡晴的公司突然陷入了困境，外单业务越来越少，于是她在南京纬七路盘下了一个门面，专销外贸服装。

2007年9月底，刘怡晴发现霍顿很久没有上网，忍不住给霍顿打了个越洋电话。让她震惊的是，霍顿声音含混不清地说："我破产了，身体……也垮了……"刘怡晴焦急地问："霍顿先生，您到底怎么了？快点儿告诉我!"霍顿沮丧地告诉刘怡晴，2007年8月，美国次贷危机爆发，他所在的投资公司彻底破产，霍顿曾找亲友借了400

多万美元，加上自己的积蓄投到公司，现在全部血本无归，还为此欠下了巨额债务。由于不断有债主登门索债，霍顿的妻子无法忍受，带着女儿与霍顿分居了。雪上加霜的是，在这个关头，霍顿被检查出患了癌症——恶性脑胶质瘤！他说话口齿不清就是因病所致。

霍顿说："医生说我患的癌症已经是晚期，让我好好享受今后不多的日子……"想到恩人身陷绝境，刘怡晴不禁流下了眼泪。这时，她突然产生了一个大胆的想法，把霍顿接到中国来，帮他治病！她当即对霍顿说："霍顿先生，您到中国来吧。这里山清水秀，也许对您恢复健康有好处！"刘怡晴的话让霍顿动心了：他对中国的风土人情一直念念不忘，心想与其在纽约等死，还不如去中国散散心，也好见刘怡晴最后一面。

刘怡晴马上给霍顿汇去2000美元作为路费。2007年10月15日，霍顿乘坐美国泛美航空公司的航班飞赴南京禄口机场。6年没有见面，刘怡晴长高了，变得成熟干练。霍顿也比以前胖了些，但脸色灰暗，神情萎靡。

到中国疗伤去！

美国CEO重获新生

刘怡晴在自己租住的三室两厅房子里为霍顿腾出了一间房子，给他配了一台电脑，为他买来了电烤箱和食品搅拌机，让他配制西餐。安顿下来后，刘怡晴提出带霍顿去江苏省肿瘤医院做个病理检查，霍顿当即拒绝说："我们美国的医生都说没治了，我已经不抱任何希望了。"刘怡晴劝说道："霍顿先生，您当年资助我上学，经常鼓励我积极生活，不惧怕困难。怎么您现在遇到困难，就退缩了呢？"可是霍顿仍然不为所动，这让刘怡晴非常着急。这时，她忽然想到了霍顿捐建的两所希望小学，心想也许朝气蓬勃的孩子能打动他。

2007年12月初，刘怡晴带着霍顿来到了仪征市青州希望小学。事前，刘怡晴特地嘱咐学校制作了英文"霍顿先生，我们需要您！我们感谢您！"的横幅。看到横幅的瞬间，一种从未体验过的情感击中了霍顿的心，他不禁哭了。霍顿激动地轮番抱起孩子们，亲吻他们可爱的小脸。霍顿与40多名小学生一起做游戏，还教孩子们唱了英语圣诞歌曲。霍顿又唱又跳，高声叫着："我太幸福了！"此时的他像个老顽童，完全不像个绝症患者。2008年元旦，魏营希望小学也邀请霍顿去参加活动，孩子们送给霍顿99颗他们亲手折的幸运星，还送给他一棵小树。

这次希望小学之行彻底改变了霍顿的心境。他重新感悟了生命的意义，性格也逐渐变得开朗了，还要求刘怡晴教他学中文，他想迅速融入身边的环境。

2008年春节，刘怡晴把霍顿带到了仪征市老家。在刘怡晴家里，霍顿与刘怡晴母女一起包饺子，做蒸糕。灶膛里的柴火把他的脸庞映照得红润起来。刘怡晴还请了几个邻居到她家吃饭。霍顿在饭桌上说，这是他有生以来吃得最美好的一顿饭。虽然霍顿只会讲几句简单的中文，但很快就和乡亲们打成一片。

霍顿在刘怡晴家住了两个多月，他到田埂间割草喂牛，还帮刘怡晴的母亲开垦了一块菜地。到菜园里施肥时，霍顿挑着粪桶，哼着小调，俨然一个快乐的老农。绵绵细雨中，霍顿穿着蓑衣在鱼塘边钓鱼，心情平静如水。田园生活让霍顿感到惬意无比，因病所致的头痛、口齿不清和面部神经麻痹等症状竟渐渐消失了！沉静下来的霍顿开始思考自己在华尔街的经历，并决定立即着手把自己的思考成果写下来，写成一本书。

2008年4月16日，在刘怡晴的强烈要求下，霍顿去了江苏省肿瘤医院检查。令医生惊奇的是，与霍顿从美国带来的拍片比较，他脑部的病灶竟没有扩散！医生认为霍顿的病情之所以缓解，可能是因为他在刘怡晴家放松的心理和健康的生活方式，使他提高了自身的免疫力，所以病情没有恶化。但是恶性脑胶质瘤是一种浸润性生长的肿瘤，与脑组织无明确分界，如果不及时做手术切除，可能会快速生长，造成进一步伤害。所以医生还是建议霍顿趁肿瘤没有恶化转移前做切除手术。可霍顿毫不犹豫地拒绝了。

霍顿回南京后，经常坐在电脑前写文稿。2008年5月8日傍晚，霍顿突然头痛欲裂，栽倒在电脑前。刘怡晴和男友李灿明闻声赶紧将霍顿送到医院。医生再次建议霍顿做手术，手术费需要16万元。看到霍顿无奈地摇头，刘怡晴马上说："这手术，咱们必须做！"李灿明听后，忙将刘怡晴拉到一边说："霍顿现在是个穷光蛋，怎么拿得出手术费呢？"刘怡晴说："咱们有钱呀，他以前帮助过我，现在是我回报的时候了！"李灿明看到女友态度坚决，半天没有吭声……

2008年6月16日，霍顿在江苏省肿瘤医院做了开颅手术。刘怡晴支付了全部医疗费。7月18日，霍顿痊愈出院，他发现，前来接他出院的刘怡晴神情憔悴，眼睛红肿，像哭过一样。再三追问下，他才知道，为了给他治病，刘怡晴花掉了大部分积蓄不说，还因为经常陪伴霍顿，导致她无暇顾及业务，使得生意难以为继。李灿明为此和她争吵了很多次，就在霍顿出院前一天，李灿明气呼呼地对刘怡晴说："为了那个外国老头儿，我们钱没了，店也没了。你根本不在乎我的感受，你就去跟那个老头儿过吧！"然后决绝地和她分了手。

霍顿没想到自己会给刘怡晴带来如此大的麻烦，他很是内疚，找到李灿明诚恳地道歉，说自己无意介入他们的生活，很快就会回美国。然而，李灿明认为女友太执拗，很"傻"，还是拒绝和刘怡晴复合。看到沉浸在失恋痛苦中的刘怡晴魂不守舍的样子，霍顿心急如焚，他多次找到李灿明，乞求他回心转意，但李灿明去意已决。霍顿的举动被刘怡晴看在眼里，她反而强装出笑脸安慰大病初愈的霍顿，大度地说自己已经走出痛苦，失恋就像一阵风，吹过去就没事了。霍顿不禁流下了眼泪，他说："刘怡晴，你就是我的天使！你的善良和坚强，也给了我生活的勇气。我一定要战胜厄运，好好活着！"

霍顿在刘怡晴的老家又住了两个多月，终于写完了书稿。2008年10月18日，他到江苏省肿瘤医院做了复查，恢复情况良好。让霍顿意想不到的是，刘怡晴几次给霍顿的妻女打越洋电话，告知霍顿的情况，劝说她们回到霍顿的身边，让他重新振作起来。刘怡晴的善举深深震撼了远在美国的母女，2008年10月24日，霍顿突然接到了妻子和女儿的电话，一家人在电话里哭成一团。两天后，霍顿回到了美国，与家人团聚。2008年11月28日，刘怡晴突然收到霍顿从美国汇来的一万美元，原来，霍顿的书即将出版，这是出版商给他的预付款，他赶紧汇了一部分给刘怡晴，让她重新创业。刘怡晴考虑到霍顿还处于失业中，马上又把钱汇回给了霍顿。

中国女孩与美国大叔的互救传奇故事在美国华尔街传开后，当地电视台邀请霍顿一家去录了节目，讲述他们的故事。霍顿的妻子事后打电话给刘怡晴说："金融危机使许多人失去了家庭亲情和生活的信心。你拯救了霍顿，也拯救了我的家庭，你的善举打动了华尔街许多人，让我们有了战胜困难的勇气。谢谢你！"刘怡晴含泪笑了。一起荡气回肠的跨国爱心互救，终于有了完美的结局。让我们祝福他们！

*S*end me someone to love

总 有 一 些 人 ， 让 你 懂 得 爱

出版策划／孙　昶

责任编辑／赵晓星

封面设计／桃　子

版式设计／孙阳阳

文图编辑／肖　雪

美术编辑／刘晓东

特邀审校／佳文编校

封面摄影／@麻药mayao